SCIENCE

我与科学捉迷藏
QINGSHAONIAN AI KEXUE

青少年爱科学

李慕南　姜忠喆◎主编〉〉〉

JUO YU KEXUE ZHUOMICANG

普及科学知识，拓宽阅读视野，激发探索精神，培养科学热情。

365天 科学史

★ 包罗各种科普知识，汇聚大量精美插图，为你
展现一个生动有趣的科学世界，让你体会发现之
旅是多么惊喜，探索之旅是多么神奇！

U0248119

吉林出版集团
北方妇女儿童出版社

图书在版编目(CIP)数据

365 天科学史 / 李慕南, 姜忠喆主编. —长春:北
方妇女儿童出版社,2012.5(2021.4重印)
(青少年爱科学. 我与科学捉迷藏)
ISBN 978 - 7 - 5385 - 6313 - 9

Ⅰ.①3… Ⅱ.①李… ②姜… Ⅲ.①科学史 – 大事记
– 世界 – 青年读物②科学史 – 大事记 – 世界 – 少年读物③
科学家 – 生平事迹 – 世界 – 青年读物④科学家 – 生平事迹
– 世界 – 少年读物 Ⅳ.①N091 – 49②K816.1 – 49

中国版本图书馆 CIP 数据核字(2012)第 061679 号

365 天科学史

出 版 人 李文学
主　　编 李慕南　姜忠喆
责任编辑 赵　凯
装帧设计 王　萍
出版发行 北方妇女儿童出版社
地　　址 长春市人民大街 4646 号 邮编 130021
　　　　　电话 0431 – 85662027
印　　刷 鸿鹄(唐山)印务有限公司
开　　本 690mm × 960mm　1/16
印　　张 12
字　　数 198 千字
版　　次 2012 年 5 月第 1 版
印　　次 2021 年 4 月第 2 次印刷
书　　号 ISBN 978 – 7 – 5385 – 6313 – 9
定　　价 27.80 元

版权所有　盗版必究

前　言

科学是人类进步的第一推动力,而科学知识的普及则是实现这一推动力的必由之路。在新的时代,社会的进步、科技的发展、人们生活水平的不断提高,为我们青少年的科普教育提供了新的契机。抓住这个契机,大力普及科学知识,传播科学精神,提高青少年的科学素质,是我们全社会的重要课题。

一、丛书宗旨

普及科学知识,拓宽阅读视野,激发探索精神,培养科学热情。

科学教育,是提高青少年素质的重要因素,是现代教育的核心,这不仅能使青少年获得生活和未来所需的知识与技能,更重要的是能使青少年获得科学思想、科学精神、科学态度及科学方法的熏陶和培养。

科学教育,让广大青少年树立这样一个牢固的信念:科学总是在寻求、发现和了解世界的新现象,研究和掌握新规律,它是创造性的,它又是在不懈地追求真理,需要我们不断地努力奋斗。

在新的世纪,随着高科技领域新技术的不断发展,为我们的科普教育提供了一个广阔的天地。纵观人类文明史的发展,科学技术的每一次重大突破,都会引起生产力的深刻变革和人类社会的巨大进步。随着科学技术日益渗透于经济发展和社会生活的各个领域,成为推动现代社会发展的最活跃因素,并且成为现代社会进步的决定性力量。发达国家经济的增长点、现代化的战争、通讯传媒事业的日益发达,处处都体现出高科技的威力,同时也迅速地改变着人们的传统观念,使得人们对于科学知识充满了强烈渴求。

基于以上原因,我们组织编写了这套《青少年爱科学》。

《青少年爱科学》从不同视角,多侧面、多层次、全方位地介绍了科普各领域的基础知识,具有很强的系统性、知识性,能够启迪思考,增加知识和开阔视野,激发青少年读者关心世界和热爱科学,培养青少年的探索和创新精神,让青少年读者不仅能够看到科学研究的轨迹与前沿,更能激发青少年读者的科学热情。

二、本辑综述

《青少年爱科学》拟定分为多辑陆续分批推出，此为第四辑《我与科学捉迷藏》，以"动手科学，实践科学"为立足点，共分为 10 册，分别为：

1.《边玩游戏边学科学》
2.《亲自动手做实验》
3.《这些发明你也会》
4.《家庭科学实验室》
5.《发现身边的科学》
6.《365 天科学史》
7.《用距离丈量科学》
8.《知冷知热说科学》
9.《最重的和最轻的》
10.《数字中的科学》

三、本书简介

本册《365 天科学史》从数、理、化、天、地、生和技术的各个分支学科中，选取了古今中外重大的、里程碑式的科学发现、发明和事件，以日记体的形式逐一介绍，将纵贯几千年的科学技术发展史浓缩到 365 天之内。藉此，不仅可以帮助广大青少年开阔视野、增长知识、激发动力，而且可以考察人类社会发展演进的足迹，认识人类创造的文明成果，感受先贤追求真理的典范风貌，领悟人类自古至今涌动不息的科学精神。学习科学技术发展史是一个重要而有效的途径，该书旨在提高青少年的科学素质，培养他们的科学精神。

本套丛书将科学与知识结合起来，大到天文地理，小到生活琐事，都能告诉我们一个科学的道理，具有很强的可读性、启发性和知识性，是我们广大读者了解科技、增长知识、开阔视野、提高素质、激发探索和启迪智慧的良好科普读物，也是各级图书馆珍藏的最佳版本。

本丛书编纂出版，得到许多领导同志和前辈的关怀支持。同时，我们在编写过程中还程度不同地参阅吸收了有关方面提供的资料。在此，谨向所有关心和支持本书出版的领导、同志一并表示谢意。

由于时间短、经验少，本书在编写等方面可能有不足和错误，衷心希望各界读者批评指正。

本书编委会

2012 年 4 月

目　　录

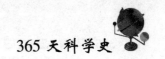

皮亚齐发现"谷神星"

19 世纪天文学史的第一页，便是发现小行星。1801 年 1 月 1 日，意大利天文学家皮亚齐找到了第一颗小行星——"谷神星"，从而揭开了发现小行星带的序幕。

在整个太阳系中，火星轨道与木星轨道之间存在特别大的空隙，这使各行星在太阳周围的排列显得不太协调。这促使人们猜测在这一区域内可能有一颗尚未被观测到的行星。于是，整个欧洲大陆掀起了寻找这颗行星的热潮：在巴黎，天文台建议请 24 位天文学家分工，每人负责 15 度区域反复搜索；在德国，更是有 6 位天文学家成立了"天空搜索队"，用高质量的望远镜对这一行星进行系统追踪。但令人振奋的消息却首先从意大利传来。

1801 年 1 月 1 日夜，西西里岛天文台台长皮亚齐在对金牛座进行通常的巡天观测时，发现了一颗从未见过的星体。此后，皮亚齐对此星连续跟踪 41 个夜晚，初步认定这是一颗彗星。他将这一发现告诉了德国柏林天文台台长波德，但波德肯定地指出：这不是什么彗星，而是多年来人们苦苦寻找的、位于火星与木星之间的行星。后来进一步的观测证实，这确是一颗行星，人们将之命名为"谷神星"。由于它太小了，直径仅为地球的 1/16，于是人们相信：在它的附近应该还有其他的行星。这样，随着搜索范围的扩大，众多小行星相继被发现，它们一起组成了火星与木星间的小行星带。现在，人们发现的小行星已达数千颗之多，并且这一数字仍在不断增长。在对小行星的发现和研究中，我国的天文学家也做出了卓越的贡献。

第一台回旋加速器建成

核物理学的发展与加速器有密切的关系。回旋加速器是圆形粒子加速器种类中的第一种，它是用相刘小型的仪器获得高速度和高能量的加速装置。

回旋加速器的原理与设想，是由美国物理学家劳伦斯 1930 年首先提出的。劳伦斯（Ernest Orland Law rence，1901～1958）是美国伯克利大学教授，很早就选定了核物理学作为自己的科研方向。当时，为了研究核物理，劳伦斯提出了一种使粒子作曲线运动并同时加速的方案。1929 年初复的一天，正当他苦思如何利用低电压获得高能粒子之际，在伯克利分校图书馆中他看到了维德罗有关直线加速器的论文，他立即想到是否有可能改变加速粒子的共振方式，例如让正离子在磁场的作用下，在两个半圆形电极之间进行回旋运动，从而得到加速的方法。

1930 年的春天，劳伦斯的设想第一次得到了检验的机会。他让他的研究生爱德勒夫森（Nels Edlefson）做了两个结构相当简陋的加速器模型。用一块现成的磁铁，装成一台玻璃真空室，真空室的直径只有 10.16 厘米，室中固定两块半圆形的中空腔体电极，在电极间加无线电频率的高电压，把氢离子注入后，居然显示出了使离子回旋加速的效果。

1931 年春天，劳伦斯得到了国家科学研究委员会的第一笔资金，使得研究工作有了迅速进展。他又让利文斯顿（M. S. Livingston）做了一只微型回旋加速器，直径（指真空室）11.43 厘米，在两 D 形电极上加不到 1000 电压，竟得到了 8 万伏的加速效果。很快地，回旋加速器的尺寸在加大，同时也进入到标准化设计与建造的时代。

回旋加速器不仅是核物理试验中的一种重要设备，而且在工业、医疗等方面有着广泛的用途。

科学巨匠牛顿诞生

伊萨克·牛顿于 1643 年 1 月 4 日诞生在英国林肯郡伍尔索普村庄。

牛顿 1661 年考入剑桥大学三一学院。1664 年上半年开始从事新的力学研究。1665 年，牛顿获得学士学位。同年，牛顿回到家乡躲避瘟疫，这两年是他创造发明的高峰期。他先后创立了二项式定理、光的分解、流数法，还确立了第一、第二定律和引力定律的基本思想。1668 年，26 岁的牛顿回到剑桥大学，被选定继承巴罗的主讲席位，任数学教授。同年他和巴罗合作完成了《光学和几何学讲义》。1675 年做了有名的"牛顿环"实验。1684 年，牛顿在他的挚友哈雷的热情劝说和鼎力支持下，出版了巨著《自然哲学的数学原理》，宣告了牛顿力学的形成，其影响遍布自然科学的所有领域。他于 1705 年被封为爵士，终身未婚。

牛顿一生硕果累累，除微积分、万有引力定律、三大运动定律的发明，创立完整的力学体系外，还发现了太阳光的光谱，发明了反射式望远镜等。一个多世纪的物理学在牛顿那里有了第一次大综合。但他却谦逊地说："如果我比别人看得远些，那是因为我站在巨人们的肩膀上。"

1727 年牛顿逝世后，墓志上铭刻着："伊萨克·牛顿爵士安葬在这里。他那几乎神一般的思维力，最先说明了行星的运动和图像，彗星的轨道和大海的潮汐。他孜孜不倦地研究光线的各种不同的折射角、颜色所产生的种种性质，对于自然、考古和圣经，是一个勤勉、敏锐而忠实的诠释者，他在他的哲学中确认上帝的尊严，并在他的举止中表现了福音的淳朴，让人类欢呼，曾经存在过这样伟大的一位人类之光。"

魏格纳提出大陆漂移说

1915 年 1 月 6 日，在法兰克福地质学会上，德国人魏格纳做了题为"大陆与海洋的起源"的讲演，正式提出了大陆漂移说。在 1915 年出版的《海陆的起源》一书中，魏格纳对大陆漂移说又进行了系统的阐述。按照此学说，在距今约 3 亿年前的古生代，地球上只有一块大陆，由于潮汐力和地球自转离心力的作用，大陆开始分裂并向各个不同方向漂移。到距今约 300 万年前，大陆就漂移到我们今天所看到的位置。

大陆漂移说的提出，在地质学界引起了轰动。因为它明确地向当时在地质学中占统治地位的大陆固定论提出了挑战。但是，在大陆漂移说中存在一个致命弱点，这就是对漂移的动力机制没有提供可靠而有说服力的说明。因此，人们很快就对这一学说产生了怀疑。到 1926 年，在美国召开的一次地质学讨论会上，大陆漂移说基本上被否定了。

在一片反对声中，魏格纳没有放弃自己的学说，他一直致力于寻找大陆漂移的证据。1930 年 11 月，在冰天雪地的格陵兰岛上，魏格纳度过了他 50 周岁生日，随后在外出考察途中失踪，直到第二年春天人们才找到了他的遗体。在魏格纳身上，真正体现了为科学事业而献身的科学精神，我国前科学院副院长竺可桢曾专门著书悼念他，其言辞恳切，大有英雄相惜之意。还引用杜甫凭吊诸葛亮的诗句以示怀念："出师未捷身先死，长使英雄泪满襟。"

二次世界大战以后，随着众多新证据的发现，大陆漂移说得以复兴。海底扩张说的提出，解决了大陆漂移的动力机制问题，而板块结构理论的建立，使大陆漂移学说成为一个完整的科学理论被人们所接受。1984 年 5 月 21 日，美国国家航空和航天局宣布：卫星首次测出了大陆漂移的事实。

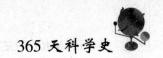

中国科学工作者首次登上南极大陆

1980年1月12日，中国科学工作者首次登上南极大陆，在南极的探险和开发历史上写下了值得纪念的一页。这次南极之行是根据1978年6月中国和澳大利亚外长草签的科技文化合作协定精神，应澳大利亚政府科学和环境部的邀请而进行的。中国派出了国家海洋局第二海洋研究所的海洋物理学家董兆乾和中国科学院地理研究所的助理研究员张青松，参加澳大利亚组织的南极考察活动，从而揭开了中国极地考察事业的序幕。

1984年11月，中国首次派出国家南极考察队，并于1985年2月，在乔治王岛建成中国第一个南极考察基地——长城站。1988年11月，中国首支东南极考察队踏上征程，并于次年2月在东南极的拉斯曼丘陵上建成了中国第二个南极考察基地——中山站。截至2002年3月，中国成功组织了19次南极科学考察，约有3000人次赴极地考察。

多少年来，人们一直对南极地区迷恋，渴望揭开南极之谜。原因不外有科学的、经济的、战略上的和政治上的。

科学家们发现，南极地区有着特殊的位置和下垫面，以及奇特的环境状态，有许多学科的研究必须在南极地区这个天然实验室内进行；有关南极地区的一些科学问题具有全球性意义，与人类的前途和命运休戚相关；南极地区诱人的资源很多，包括矿产资源、海洋生物资源。

南极大陆未来的开发利用，已经为世界各国关注。目前已有26个国家在南极设立了科学考察站，各种瓜分南极的主张和借口应运而生，目的主要在于夺取南极大陆丰富的资源，尤其是能源。各国政府耗巨资支持南极探险和考察，重要目的之一就在于跻身南极，为未来着眼。

贝尔实验室开始进行亚特兰大光通信应用实验

从 1974 年开始，贝尔实验室着手设计亚特兰大光波通信线路，到 1975 年底已经安装完毕。1976 年 1 月 13 日，该室的科学家和工程师开始实验 44.7 兆比特/秒的光通信系统。该系统由长寿命的激光器、光电中继器、光波再生器（发射再生器、接收再生器和线路再生器）、光缆和光电接收器组成。这次实验是该室的有关各学科的科技人员共同努力和多学科合作的系统工程，这个系统的代号为"FT3"，光缆长度为 658 米，共装有 144 根光导纤维，每根光导纤维的折射系数从外向中心逐渐增加，以便达到功率耗损极小的目的。

光缆的最外层为护套，护套内装有近 20 条钢丝，分别装嵌在塑料套之内，以便增加护套的强度。光缆的标准芯子由 12 条条带组成，每条条带封装了 12 条玻璃光纤，光纤叠装并拧在一起。芯子由纸套包裹，然后再加聚乙烯夹套，套外用多条聚烯烃麻线包裹，最外层为护套，护套内封装了多条钢丝，以便增大强度，构成一条光缆。

这次实验中的激光器有六万分之一瓦的功率输入到光导纤维中，接收器能够检测到十亿分之四瓦的功率输入，差错率低于 10^{-9} 比特。在应用低耗损光纤联结技术时，无差错传输信息超过 10.9 千米，相当于通过光缆环路 17 周。按照该室的统计，总无差错的器件 1 小时达到 20 万小时，约 75% 工作日无差错。

经过两年的筹备和贝尔实验室与西方电气公司技术人员的共同努力，世界上第一次光波通信的应用实验取得了圆满成功。

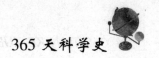

欧姆提出欧姆定律

现在，欧姆定律是经典物理中一个浅显的电学定律，但自 1800 年伏打发现电流和电堆，一直到 1821 年温差电池和 1820 年电流磁效应发现之后，欧姆才于 1826 年发现了电流的定律。因为当时电阻、电压等概念还没有出现，同时也没有一个高灵敏电流计来测定电流的强度值。一个未知规律的取得，无论今天看来有多么简明易懂，都需要科学家付出辛勤的努力和勇敢的探索。

欧姆定律是通过类比法发现的。欧姆认为电流现象与热现象很相似：导热杆中的热流相当于导线中的电流，导热杆中的两点之间的温度相当于导线中两端之间的驱动力。如果导热杆中两点之间的热流强度正比于这两点之间的温度差时，那么电流强度也应该正比于驱动力。但是，无论如何类比也只不过是一种思维活动，其结论还要由实验来检验。

欧姆用伏打电池或温差电池做实验时，遇到了测量不准确的困难。他转向利用电流的磁效应设计了一个电流扭秤。经过大量实验发现，通过计算的数值和实验数值基本吻合。欧姆正式在《金属导电定律的测定》中公布了这样的规律：电流强度与导线长度成正比。1827 年又在《动电电路的数学研究》中作了数学处理，得到一个更加完满的公式：$S = R \cdot E$。其中 S 表示导线的电流强度，R 为电导率，E 为导线两端的电势差，这就是著名的欧姆定律。

欧姆生于埃尔兰根的一个锁匠家里，没有接受过正式的教育。他的论文发表后，曾遭到非难，但他的工作逐渐得到人们的重视。1841 年英国皇家学会授予他科普利奖。1849 年当他 62 岁时，被任命为慕尼黑大学的非常任教授。后人为了纪念他在电学方面为人类做出的贡献，把电阻的单位定为"欧姆"。

泡利提出不相容原理

泡利（Wolfgang Ernst Pauli，1900～1958），瑞士籍奥地利理论物理学家，1900 年 4 月 25 日生于维也纳。1918 年中学毕业后就成为慕尼黑大学的研究生，导师是 A·索末菲。1921 年以一篇关于氢分子模型的论文获得博士学位。1922 年在哥廷根大学任 M·玻恩的助教，结识了来该校讲学的 N·玻尔。这年秋季到哥本哈根大学理论物理学研究所工作。1923～1928 年，在汉堡大学任讲师。1928 年到瑞士苏黎世的联邦工业大学任理论物理学教授。1935 年为躲避法西斯迫害而到美国，1940 年受聘为普林斯顿高级研究院的理论物理学访问教授。由于发现"不相容原理"（后称泡利不相容原理），获得 1945 年诺贝尔物理学奖。1946 年重返苏黎世的联邦工业大学。1958 年 12 月 15 日在苏黎世逝世。

泡利不相容原理是泡利于 1925 年 1 月 16 日提出的。原子中不可能有两个或两个以上电子处在同一状态。电子的状态可以用四个量子数来表示，则原子中不可能有两个或两个以上电子的四个量子数完全相同。具有多个电子的原子，其中主量子数 n 和轨道量子数 l 相同的电子称等效电子，这类电子的 n、l 两个量子数已经相同，故至少要有一个不同，因此这类电子的状态要受到泡利不相容原理的限制。这正是原子结构中电子按壳层分布并出现周期性的主要原因。

英国探险家斯科特到达南极级点

　　1911 年的 1 月 17 日，英国探险家斯科特率领的探险队到达南极极点，整个探险队成员在归途中全部牺牲。

　　早在两三千年前，就有人猜想在南方有一块未知的大陆。为了寻找这块神秘的土地，无数的勇士纷纷南下。20 世纪初，更多的探险家奔向了迷人的南极，其中，英国人斯科特的事迹最令人难忘。

　　1901 年 8 月，斯科特率领一支探险队第一次远征南极。他们经过一番苦斗，来到了离南极点只有 350 千米的地方，胜利在望却遇到了极为恶劣的天气，食物和燃料也将耗尽，队员病倒，只好败退回来。

　　执著的追求使斯科特又做了 8 年的准备。1910 年 6 月，他又率领一支 65 人的探险队离开英国直向南极。谁知，这时挪威极地探险家阿蒙森也奔向了南极，他们谁能首先到达南极点呢？一场历史上著名的"探险竞赛"就这样开始了。

　　斯科特是驾西伯利亚矮种马拉雪橇去的。这种马适应不了南极的严寒，又都陷入雪中，一匹一匹地死去了，最后只好用人力拉雪橇。暴风雪、冻伤、体力下降，打击一个接一个地向斯科特袭来。已经胜利在望了，1911 年 1 月 16 日，队员却发现了挪威的旗子，显然，对手走到了他们的前边，这是极为沉重的精神打击，有的队员精神几乎要垮下来了。

　　1 月 17 日，斯科特探险队到达了南极极点，他们在挪威人的\帐篷里看到了阿蒙森留下的信。他们把英国国旗插在帐篷旁边，他们成了到达南极极点的亚军。第二天，筋疲力尽的斯科特探险队踏上归途，他们按照科学探险的惯例，仍然沿途收集各类岩石标本，书写探险日记。

　　8个月后，搜索队找到了他们的帐篷和遗体，人们在斯科特身边发现了18千克岩石和各种化石标本——他们在死亡降临的时候仍然没有丢下科学，仍然为人类保留着科学财富。

类人猿发现问题上的人类学家之争

1979 年 1 月 18 日，美国《纽约时报》头版以标题"类人猿发现问题上的人类学家之争"，介绍了英国人类学家理查德·利基和美国人类学家唐纳德·C·约翰逊博士之间一场激烈的争论。争论的焦点是：约翰逊等新发现的猿人化石是否为迄今已知最古老的猿人或类人猿化石。

利基家族几代以研究类人猿而著称。路易斯·利基及妻子玛丽·利基在 1959 年用找到的碎片拼出了一个相当完整的头骨化石。该头骨的年代为 175 万年前，被归为人科南方古猿鲍氏种，命名为"能人"。1972 年，理查德·利基挖到了一个相当完整的颅骨化石，头盖骨较大，没有明显的眉崤骨，经分析，认定该头骨化石的年代为 190 万年前，属于"能人"。

1974 年秋，约翰逊及其小组发现了一具保留着近 40% 化石的骨架，与现代人极为相似，距今年代为 300 万年，给其取名为"露西"。约翰逊将"露西"确定为一个新种，命名为南方古猿阿法种。后来，他的小组在另一次田野调查中，出土了至少 13 具保留较完好的遗骸化石。约翰逊将他的一系列发现取名为"第一家庭"。

约翰逊认为自己找到了最古老的类人猿化石，并建立了一个进化谱系，还试图把利基家族的一系列重大发现纳入其进化谱系，有独享最古老人类发现者殊荣的意图。利基则谨慎指出，约翰逊的结论过于草率，"露西"的归属还是一项有待商榷的化石发现。

有关基因证据以及最近的一些考古新发现表明，人猿揖别的时间正如利基猜想的那样，至少应在 500 万年乃至 700 万年以前，只是尚未找到化石证据，利基父子长期以来倡导的"灌木丛"式的进化思想，更具说服力了。

英国大发明家瓦特诞生

16～17世纪，煤作为能源被大量开采。随着煤矿的增加和矿井越开越深，排除矿井中的积水，成为煤生产中的关键问题。急需寻求新的动力机，来解决经济和生产的需要。巴本、纽可门先后设计了蒸汽动力机，但由于易爆危险、效率低等原因，不能满足需要。要使蒸汽机成为具有巨大工业效益的动力机械，必须在结构上作重大的改进，这个工作最终由一位大学的仪器修理工——瓦特在英国实现。

詹姆斯·瓦特1736年出生在苏格兰的一个木匠家庭，从小饱受贫穷和疾病的折磨，他的教育是在家庭和父亲的工场里受到的。1756年，他在格拉斯哥大学做机修工。1763年，他受命修理大学的一台纽可门蒸汽机，得以仔细研究纽可门机的结构，并发现它热量损失人人是由于每工作一次汽缸和活塞都要冷却。1765年他终于想出了在汽缸之后再加一个冷凝器的主意。1769年，他造出了第一台"单动式蒸汽机"，并获得了发明冷凝器的专利。1782年，他进一步设计了双向汽缸，1784年又制造了一台"双冲程蒸汽机"，并加上了飞轮和离心节速器，把单向运动变成旋转运动。

瓦特蒸汽机的主要特点是改大气压力做功为蒸汽直接推动活塞做功，增加了冷凝器，提高了效率。这在蒸汽机发展史上迈开了具有决定性的一步，成为可用一切动力机械的万能"原动机"。到1790年，瓦特机几乎全部取代了老式的纽可门机。纺织业、采矿业和冶金业等在瓦特机的带动下迅猛发展，蒸汽机改变整个世界的时代到来了。

瓦特的一生，都贡献给了蒸汽机的研制事业。恩格斯把蒸汽机看作是第一个真正国际性的发明，这是对其贡献的最好评价。英国人为了纪念他，特意在他的住宅处给他建造了铜像。

我国首次大规模日全食综合观测获得成功

日全食是一种奇异壮观且罕见的自然景象，也是人们认识太阳的好机会。太阳由光球、色球、日冕三层组成。光球层在最里面，色球层在光球层之外，最外面是温度极高、光度仅有太阳百万分之一的日冕层。平时，色球和日冕都淹没在光球的明亮光辉之中。日全食时，月亮挡住了光球，漆黑的天空中相继显现红色的色球和银白色的日冕，此时可观测色球和日冕，拍摄照片和光谱图，以研究太阳的物理状态和化学组成。

观测日全食也可以研究太阳和地球的关系。太阳上产生强烈活动时，远紫外线、X 射线辐射等会增强，使地球的磁场、电离层发生扰动，产生磁暴等地球物理效应。日全食时，月亮遮掩了日面上的辐射源，各种地球物理现象会发生变化。因此，日全食时进行地球物理效应的观测和研究就有很大科研价值。

据新华社 1969 年 1 月 22 日报道，我国曾派出由中国科学院紫金山天文台、地球物理研究所和中央气象局等 100 多个单位的上百人组成的观测队对 1968 年新疆发生的日全食进行空前规模的综合观测。他们在新疆的昭苏、伊宁、喀什等地进行了太阳活动区对电离层影响、日冕—黄道光、日食地球物理和大气效应等数十个研究项目的观测。其中射电—电离层联合观测获得了太阳活动区对电离层影响的综合资料；日冕—黄道光观测采用了非密封舱飞机进行高空观测，结果远远超过了当时的世界水平；另外还拍摄了清晰的日冕照片，获得了日全食对大气和地球物理影响的大量观测数据。这是我国在"文革"的动荡年代里取得的难得的科研成果，为后来的研究积累了宝贵资料。

法拉第发现电解定律

1833 年 1 月 23 日，英国科学家法拉第提出了电解定律。法拉第自幼家境贫寒，从 1812 年自荐作戴维的助手起，法拉第开始了他的物理化学研究生涯。他在物理学方面的最大成就是在电磁感应方面。他对化学的卓越贡献是电化学。

电解是借电流的作用而进行化学反应的过程。1800 年，意大利物理学家伏打制成了世界上第一个化学电源——伏打电池。同年，英国解剖学家卡里斯尔和工程师尼科尔森用自制的伏打电池分解了纽利巴河的水。他们开创了化学上的新领域——电解。1807 年，英国化学家戴维和其他一些人通过电解成功得到了钾、钠、钙、锶等金属。电解法给化学界带来了一个又一个奇迹。如同拉瓦锡首先注意到化学反应中物质量的变化一样，法拉第也是注意到电解中物质量和电流量关系的第一人。

1833 年，通过对一系列电解实验的研究，法拉第提出了电解物质所遵循的规律：电解产生的某物质的量与通过的电量成正比；当相同的电量通过电路时，电解所产生的不同物质的比等于它们的化学当量值（原子量）的比。电解定律提供了电量与化学反应间的定量关系，奠定了电解电镀等化学工业的理论基础，成为联系物理学和化学的桥梁。电解定律还表明，电也应当具有微粒性。这是电荷不连续的最早猜想。

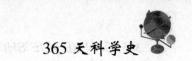

美国"旅行者2号"星际探测器首次飞到天王星

　　1986 年，对美国的航天事业来说，是灾难性的一年。包括"挑战者号"航天飞机在内的许多航天器的发射均告失败，给人类太空事业的未来蒙上了一层久久不能消散的阴云，然而，"旅行者 2 号"对天王星的探测获得的巨大成功，与前面的失败形成了鲜明的对比。

　　天王星距地球十分遥远，以至向地球发射秒速为 30 万千米的无线电信号，也要花 9 个多小时。用天文望远镜观察它时，所看到的图像总是模糊不清。1986 年 1 月 24 日 17 时 59 分，经过 8 年的漫长岁月和 48 亿千米的长途跋涉，"旅行者 2 号"横穿距天王星赤道 10.707 万千米处，航行长达 6 个小时，仔细观察了天王星的真实面貌，拍摄了大量珍贵的照片。如此近距离地考察一颗距地球 30 亿千米远的天体，这还是第一次。在会合的 24 小时内，探测器收集的资料，是自天王星发现以来人类获得的有关天王星资料的好几倍。

　　20 世纪 70 年代末，美国宇航局利用一次几百年一遇的罕见的行星排列机会"二箭四雕"，发射了"旅行者 1 号"、"旅行者 2 号"两颗外行星探测器。"旅行者 1 号"在飞过木星和土星后，完成了自己的绝大部分使命。而"旅行者 2 号"则利用土星的引力，改变航向并加速飞往天王星，然后再飞往海王星。迄今为止，它已拜访了太阳系中九大行星中的四"兄弟"：木星、土星、天王星和海王星，发回堪称无价之宝的大量图片和数据。它近距离观测了这四颗气状行星、周围的环状物以及绕它们旋转的复杂多变的卫星。现在，这艘孤独勇敢的飞船距太阳 101.5 亿千米，正以 5.6 万千米的时速奔向更遥远的星际空间。

伦福德提出"热是一种运动形式"

热质说支持着 18 世纪后期的热学，但它有一个弱点，即人们不能肯定热质是否也和其他物质一样具有质量。致力于推翻热的物质说的第一个物理学家是本杰明·汤姆逊（Benjamin Thomp—son Rumford），即伦福德伯爵。1753年他出生于美国马萨诸塞州的北沃本恩。1790 年被巴伐利亚选帝候封为伦福德伯爵。1814 年在法国逝世。

1798 年，伦福德在慕尼黑一家兵工厂监督大炮钻孔工作。一个偶然的机会，他发现被加工的黄铜炮身在短时间内得到了相当多的热量，而被刀具刮削下来的金属屑的温度更高，超过了水的沸点。按照热质说，这些发出来的热量来自物质内部包含的热质。可是从青铜中跑出来的热质太多了，全部加

起来甚至可以把它本身熔化，这显然是热质说无法说明的。为了寻求热的来源和对它的本质做出解释，他做了一系列的测定实验。他将金属柱和钻削装置全部浸在水中，用一个钝钻头与炮筒摩擦生热，使一定量的水的温度升高。结果在 1 小时内使水的温度升到 107℉，到了 1.5 小时水温升到 142℉，到了 2.5小时，就使水沸腾了。伦福德对铜屑的比热作了精确的测定，结果发现铜屑的比热与一般炮筒的比热没有什么区别。他从摩擦产生的热显然是取之不尽的事

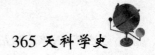
实推断出热不是物质，而是来自物质的运动的理论。1798 年 1 月 25 日，他向皇家学会作了报告，结论是：摩擦产生的热是无穷无尽的，与外部绝热的物体不可能无穷无尽地提供热物质，热只能认为是一种运动形式。

伦福德的报告引起了巨大反响，无疑是对热质说的一个沉重打击。但由于他的测量有明显误差，没有测量实验中热量的损失，也没有提出一个建设性的学说来取代热质说，他的愿望没有实现。直到 19 世纪 40 年代末，由于能量守恒定律的确立，热动说才获得了最后的胜利。直到今天，人们才形成正确概念：热是大量分子的无规则运动。

非欧几何创始人波尔约逝世

1860 年 1 月 27 日，匈牙利数学家、非欧几何创始人之一的 J·波尔约逝世。波尔约 1802 年 12 月 15 日出生于匈牙利克劳堡森（今罗马尼亚的卢日），其父 F·波尔约是高斯的同学和至友，也是一位数学教授。1818～1822 年间，波尔约在维也纳皇家工程学院学习，其间（约 1820 年）他试图证明欧几里得平行公理，在认识到这种努力没有任何希望之后，转向构造新的几何学。1823 年，波尔约得到了非欧几何的基本原理，在 11 月 23 日给他父亲的信中，他写道："我已得到如此奇异的发现，使我自己也为之惊讶不已。"

对于非欧几何，波尔约称之为绝对几何，并将自己的发现于 1825 年左右写成一篇 26 页的论文《绝对空间的科学》。这篇论文作为他父亲的著作《向好学青年介绍纯粹数学原理的尝试》第一卷的附录出版，后便以《附录》著称。这也是波尔约发表的惟一的数学著作。文中波尔约以简洁概括的形式提出了一个完整、无矛盾的非欧几何体系。1832 年 2 月 14 日，F·波尔约将论文寄给高斯，然而高斯回信说："称赞他就等于称赞我自己，整篇文章的内容，您儿子所采取的思路和获得的结果，与我在 30 至 35 年前的思考不谋而合。"这对波尔约无疑是一个很大的打击，也是他不再发表数学文章的一个重要原因。

波尔约和罗巴切夫斯基在同一时期各自独立地对欧氏几何的平行公理进行了批判性的研究，创立了非欧几何学。非欧几何的诞生，是自希腊时代以来数学中的一个重大变革。

美国"挑战者"号航天飞机失事

1986 年 1 月 28 日，美国"挑战者"号航天飞机整装待发，7 名宇航员，其中包括 2 名女宇航员，肩负着太空探索的任务，按时进入了机舱。克里斯塔·麦考利夫是一位小学教师，是美国的第一位从普通人中选拔的宇航员，志愿参加美国政府的"公民航天"计划，她希望利用这次机会，向全世界的儿童进行空中授课，实现人类第一次太空授课的壮举。

格林尼治时间 16 时 39 分（当地时间 11 时 39 分），"挑战者"号点火升空，它拖着长长的火焰直蹿天穹。然而，仅仅过了 73 秒钟，突然亮光一闪，紧接着地面人员听到了像打雷一般的轰然响声，瞬间"挑战者"号变成一团火球，直坠大西洋。就这样，这架已作过 9 次太空成功飞行的航天飞机，带着 7 名壮志未酬的宇航员一起遇难了。

对宇航员来说，最担心的是来自大自然的威胁，更令人可怕的却是人为的差错。美国"挑战者"号航天飞机的失事，在世界航天史上留下了一个巨大阴影。导致这次惨祸的直接原因是航天飞机右侧固体火箭助推器的密封装置失效，致使燃气外泄，喷出火舌，引起推进剂贮箱的爆炸。除了设计上的缺陷外，发射时气温过低也是一个直接的诱因，使合成橡胶失去弹性，丧失密封作用。

在前几次飞行时，已经发现橡胶密封圈有移位、腐蚀或烧坏的情况。美国航天局已了解到这个情况，并把它列为要优先解决的课题，但未付诸实施。

似乎无足轻重的密封橡胶圈，竟导致了世界航天史上的这一最大空难，使 7 名风华正茂的宇航员魂丧长空，这一教训是十分深刻的。

德国卡尔·本茨取得世界上第一辆汽车的专利权

卡尔·本茨生于德国西部的卡尔斯鲁厄，在卡尔斯鲁厄读小学直至从工业专科学校毕业。

1864 年，卡尔·本茨从学校毕业后，进入卡尔斯鲁厄机械工厂。1866 年又进入福尔兹海姆的文基塞尔蒸汽机公司。1871 年，由里特尔投资，利用本茨的技术建立了建筑五金工厂。但一心想制造发动机的本茨与里特尔意见不合，决定离开该厂专心研究煤气发动机。

1877 年当他得知奥托四冲程发动机的专利已获批准之后，便转换到二冲程固定式发动机研究，并于 1878 年完成了第 1 号试制样机。1879 年，他制造完成可付诸实用的发动机。1882 年，又取得了蓄电池点火方式与调速器的专利。1882 年，他移居曼海姆，创建了曼海姆煤气机公司。1883 年，他被征聘到洛兹与埃斯林格尔公司，并把该公司改组成奔驰·曼海姆煤气机公司。1884 年，奥托四冲程发动机的专利中止。1886 年，很快又取得了磁点火式四冲程煤气机的专利。1885 年，本茨在比利时的安特卫普世界博览会上展示了该发动机，并获得好评。自此，他满怀信心，对汽油机进行改装，开始制造汽车。

1885 年秋天，本茨在曼海姆工厂内成功地进行了实车试验。三轮汽车专利于 1886 年 1 月 29 日取得，标志着世界上第一辆汽油发动机汽车的诞生。在 100 年以后的 1986 年，梅赛德斯·奔驰汽车公司举行了 100 周年纪念活动，邀请世界各地工程技术人员会聚一堂，欢庆百年盛典。

美国发射第一颗人造地球卫星

1958 年 1 月 30 日，由美国陆军导弹顾问冯布莱恩设计的"丘比特—C"火箭将美国的第一颗人造地球卫星"探险者 1 号"送上了轨道？这是苏美两个超级大国展开空间竞赛，美国在苏联之后苦苦追赶的结果。

早在 1957 年的 10 月 4 日，前苏联就成功地发射了人类有史以来的第一颗人造卫星。这一消息一传到美国，举国上下为之震惊。社会各界纷纷指责政府的无能和失策，新闻传媒掀起了一场声讨美国政府的空间技术政策的运动，政界则是一片慌乱。美国的航天技术基础本来比苏联雄厚，但战后政府认为自己拥有核武器，又有高速飞机，无须大力发展空间技术。虽然后来调整了政策，但为时已晚，让苏联占了先。

正当美国人乱成一锅粥，政府要员到处演讲，声称很快就能在空间技术上赶上苏联时，苏联则在成功发射第一颗人造卫星后两个月，又成功发射了第二颗人造卫星。这一颗卫星不但比前一颗重了许多（第一颗重 88.6 千克，第二颗重达 500 千克），而且在上面还装上了一只名叫"莱伊卡"的小狗。这让美国人更加恐慌。艾森豪威尔总统立即制定了一系列的计划，成立了各种专门委员会和机构，集中人力物力加紧研制人造卫星。但由于急于求成，在 12 月上旬由美国海军试发射的一颗卫星，仅上升了 2 米就爆炸了。

美国发射成功的第一颗人造卫星，虽然只有 8.3 千克，远比不上前苏联的第一颗卫星，但美国能在如此短的时间内就突击将卫星送上了天，充分表明其所拥有的技术基础是雄厚的。在进入 20 世纪 60 年代后的空间竞赛中，美国能够后来居上，率先登陆月球，这绝非偶然。

麦克斯韦《电磁理论》出版

电磁理论的集大成者是英国伟大的科学家麦克斯韦。量子论创立者普朗克称赞他道："他的名字镌刻在经典物理学的门扉上，永放光芒。从出生地来说他属于爱丁堡；从个性来说他属于剑桥大学；从功绩来说他属于全世界。"

1873 年 2 月 1 日麦克斯韦《电磁理论》出版，这部巨著标志着经典电磁学理论体系的形成。书中，麦克斯韦系统地总结了人类在 19 世纪中叶前后，对电磁现象的研究成果。从库仑定律的发现到麦克斯韦方程组的建立做了全面系统的阐述，并且进一步证明了方程组的解是惟一的，从而向人们展示了方程组是能够完整而充分地反映电磁场的运动规律的。他指出：电磁场是物质实体的一种状态，而这种物质实体就是以太，它充满整个空间。这部著作的地位足以与牛顿的《自然哲学的数学原理》、达尔文的《物种起源》相比肩。和擅长实验的法拉第不同，麦克斯韦擅长理论概括数学方法。他的科学实践再次证明，在自然科学的研究中，数学方法作为一种不可缺少的认识手段，特别是理论思维的一种有效形式，具有重要意义。它为科学研究提供了简洁精确的形式化语言、数量分析和计算的方法，以及推理手段和抽象能力。

爱因斯坦在纪念麦克斯韦诞生 100 周年的文章中写道："自从牛顿奠定理论物理学的基础以来，物理学的公理基础的最伟大的变革，是同法拉第、麦克斯韦和赫兹的名字永远连在一起的。这次革命的最大部分出自麦克斯韦。"现代美国物理学家费曼则说："从人类历史的漫长远景来看，即使过一万年后回头来看，毫无疑问，在 19 世纪中发生的最有意义事件，将判定是麦克斯韦对电磁定律的发现。"

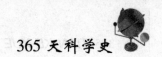

前苏联"月球 9 号"探测器实现软着陆

航天技术的发展，为人类探索宇宙提供了先进手段和良好条件。在这之前，宇宙空间广袤深邃，难以窥测真实面貌。

1966 年 1 月 31 日前苏联发射了"月球 9 号"。这个探测器经过 79 个小时的飞行之后，在月球风暴洋中软着陆，传回了月球局部地区的第一批岩石和土壤照片 27 张。软着陆的方法，一般是在接近月球时开始逆喷火箭（火箭向运动方向喷气），逐渐减小探测器的运行速度，然后慢慢地降落在预定地点。

1966 年 2 月 3 日前苏联的"月球 9 号"探测器实现了人类历史上第一次月球软着陆。当飞船降落到距月球表面还有 5 米时，位于飞船顶部的卵形仪器舱脱落，弹到月面上，经跳跃、滚动后实现软着陆。待完全静止后，其沉重的底座可使其保持直立状态，四片花瓣状护板张开，像四个支架一样支撑仪器舱。仪器舱内的摄像机和天线露出，将图像发往地球。"月球 9 号"的卵形仪器舱质量为 100 千克，直径 58 厘米，工作寿命为 4 天。不足之处是一旦打开就不能再关闭，更不能移动到新的地点进行考察。前苏联科学家也没有对它进行改进。

"月球 9 号"探测器不愧为人类登月的卓越探险者。它证明了月球表面是坚实的，登月飞船在月球上降落不会深陷下去，宇航员踏到月球表面上不需要穿特别的雪鞋，从而扫除了人类登月的许多疑虑，打通了人类登月的天路。宇宙探索之路尽管还很漫长，但随着航天技术的进步，宇宙奥秘将会一一被解开。

世界上首次成功预报取得明显减灾实效的地震

1975 年 2 月 4 日，辽宁省海城、营口地区发生了 7.3 级强烈地震。由于地震工作者的成功预报，我国在防震减灾方面第一次取得了世界最佳效果，被世界科技界称为"地震科学史上的奇迹"。

海城市地处辽东半岛北部，隔渤海湾与山东半岛遥遥相望。从地质发育上看，远在 1000 多万年以前，这两个半岛还是一个整体陆地。由于渤海湾地区受北东向和北西向的沉降作用，导致今日略呈斜十字形的渤海轮廓。地势自北向南缓倾，海拔为 20~50 米。这是北东向的汕燕沟—营口断裂、海城—金州断裂和鸭绿江断裂等长期活动对地貌控制的结果。

1975 年 1 月中旬，辽阳、本溪、鞍山、大连等地大量井水和动物出现了异常情况。有关部门对辽宁的情况进行了认真研究，指出辽东半岛的营口至金州一带和丹东地区上半年可能发生 5~6 级地震，是 1975 年全国重点监视区之一。1975 年 1 月 15 日，海城地区发生一些小震。该地地震观测站密切监视各种仪器变化，并加强与各种群众测报网点的联系，掌握了大量的观测数据和各种前兆。2 月 3 日早晨，土地电突变，地倾斜倾向东南。晚上该站又接到果树一场"震次频繁、听到响声"，以及毛祁葫芦峪"震动感觉明显"的报告。根据上述情况，他们推测震级将升高，震中范围将扩大。2 月 3 日晚向上级作了可能有大震发生的预报。2 月 4 日 10 时 30 分，辽宁省委向全省电话通报，相继又向鞍山、营口两市发出了具体防震批示，及时采取了有力的防震措施，使地震灾害大大减轻，除房屋建筑和其他工程结构遭受到不同程度的破坏和损失外，地震时大多数人都撤离了房屋，人员伤亡极大地减少。

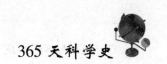

薛定谔——现代生物学革命的先驱

薛定谔，奥地利理论物理学家，波动力学创始人和量子力学的奠基人之一。科学统一的信念使他从物理学角度对生命现象进行了深入思考。

1943 年 2 月 5 日，薛定谔在爱尔兰都柏林三一学院开始了题为"生命是什么"的系列通俗讲座。1944 年，他把讲稿整理成一本不到 100 页的小册子《生命是什么——活细胞的物理学观》。书中提出用物理学、化学的理论方法研究生物学。

薛定谔率先将物理学理论应用到生物学中：以热力学和量子力学理论解释生命的本质：以"非周期性晶体"、"负熵"、"遗传密码"、"量子跃迁式突变"等概念说明有机体物质结构、生命的维持和延续、遗传和变异等现象。他还预言生命科学将面临重大突破，研究深度将进入分子水平。继而，他主张从分子水平探索遗传机制和生命本质。他认为，生命的本质存在于信息中，生命将它"印"在分子上，分子一定有某种复制信息的方法。从中他引申出许多新课题，如，遗传信息如何编码，如何在传递中保持稳定等。此书的思想性决定了它的前瞻性，它直接启发了 DNA "双螺旋结构模型"和基因调控的操纵子学说的提出以及后来对遗传密码的解读。这本被誉为"唤起生物学革命的小册子"使薛定谔成为 20 世纪下半叶分子生物学革命的先驱。

薛定谔开辟了物理学与生物学互补的新途径，促成了生物学从强调整体到重视具体机制，从强调生命与非生命的差别到强调二者统一的重大转折。日本遗传学家近藤原平说："给予生物学界以革命契机的是一本叫做《生命是什么》的小册子。它所起的作用正像《黑奴吁天录》这本书成为奴隶解放的南北战争的契机一样。"

世界上第一次未系安全带的太空行走

1984 年 2 月 7 日，美国宇航员麦坎德利斯和斯图尔特从"挑战者"号航天飞机上先后走出舱，完成了世界上第一次未系安全带的太空行走。

太空行走是宇航员离开地面进入太空以后从一处到另一处的行动。广义的太空行走包括三种情况：一是在载人航天器密封舱中的行走；二是在舱外宇宙空间中的行走；三是在其他天体如月球上的行走。通常所说的太空行走，专指宇航员在舱外浩瀚宇宙中的行走。这种太空行走，比人们在地面上的行走困难得多。从长远看，人类要征服太空其他天体，总要走出载人航天器身临其境。因此，太空行走仍是空间事业发展的必然要求。

自 20 世纪 60 年代以来，宇航员已成功地进行了 100 多次太空行走。第一次是 1965 年 3 月 18 日，由前苏联"上升" 2 号宇宙飞船上的宇航员列昂诺夫完成的。他在太空行走了 24 分钟。接着美国宇航员怀特于同年 6 月 5 日从"双子星座" 4 号飞船出舱作了太空行走，历时 20 分钟。这两名宇航员开创了太空行走的先河。他们都身系安全带，犹如婴儿的脐带，以防离开母体飞船后在太空中走失。已进行的太空行走绝大多数是系着安全带的。

麦坎德利斯和斯图尔特先后实现了世界上第一次未系安全带的太空行走。麦坎德利斯第一个出去，最远离开航天飞机 7 米，在太空呆了 90 分钟后，回到了货舱。斯图尔特出舱时，在短时间内，手腕上曾系着安全带，但他很快就把安全带解开了，开始离开航天飞机。他走到离航天飞机 92 米的距离，65 分钟后回舱。他们以每小时 2.85 万千米的速度在距离地面 2 万千米高的轨道上围绕地球飞行，又无安全带，故被称为人体卫星。

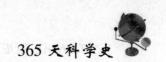

孟德尔宣读《植物杂交试验》论文

"种瓜得瓜，种豆得豆"。这句妇孺皆知的谚语道出了一门现代科学——遗传学的核心思想。

现代遗传学的产生有两个来源，即对植物杂交的观察试验和关于变异现象的进化论观点。达尔文把对遗传问题的探讨，看作是研究亲代的种种性状是如何在外界条件的影响下直接传到子代去的；孟德尔则认识到，至关重要的是理解使遗传性状代代恒定的机制。

孟德尔 1854 年开始用 34 个豌豆株系进行试验，并采用了前人无可比拟的精细的统计方法和试验方法。当然他也借鉴了其他人的工作成果。1865 年2 月 8 日，孟德尔在布尔诺学会宣读了他的论文——《植物杂交试验》。在文中他通过遗传学分析法，确立了两个重要现象：第一，性状由遗传因子所决定，不是由自下而上条件所决定，双亲通过性细胞把遗传因子传给后代，不是直接把性状传给后代；第二，隐性性状保存在杂交后代中，并没有消灭。他提出遗传因子（即基因）的概念，并阐明了根据豌豆杂交试验所得出的遗传学两个基本定律，即"性状分离定律"和"独立分配定律"，后称"孟德尔定律"。但他的成果没有得到应有的承认。直到 20 世纪初，才被几位科学家重新发现，并加以证实和扩充。在此基础上，现代遗传学迅速发展为精确的实验科学。

"孟德尔定律"被证明除了可应用于植物外，也可应用于动物。人们用这种方法来指导育种也收到很大成效，既可以设法把符合需要的特性集中到一个新品种内，又可以把有害倾向淘汰掉。

孟德尔的"因子"是什么？它们是在什么地方，什么时候发生分离和重组的？他留给后世的遗传之谜深深吸引着无数科学家为之探索。

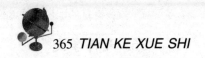

马寅初提出《新人口论》

马寅初（1882～1982），浙江嵊县人，我国著名经济学家、教育家和人口理论的先驱者。1905 年毕业于北洋大学，次年赴美留学，先后在耶鲁大学和哥伦比亚大学攻读经济学，获博士学位。1916 年回国，任北京大学教授、教务长。新中国成立后，历任中央人民政府委员兼政务院财经委员会副主任，华东军政委员会副主席，浙江大学、北京大学校长，中国科学院哲学社会科学学部委员。

1953 年，新中国进行首次人口普查，我国人 13 达 6 亿多人，预测此后将急剧增长。这引起马寅初的高度关注。经过多年调查研究，1957 年，在最高国务会议第十一次（扩大）会议上，马寅初提出了有计划地限制人口增长的建议。后在北大做公开演讲，以此为基础，写成《新人口论》。6 月，马寅初把它提交给一届人大四次会议。1958 年 2 月 10 日《人民日报》刊载了马寅初在这次会议上的发言——"有计划的生育和文化技术下乡"。

文章的主要观点是：我国人口增长太快，以致影响积累，影响工业化；从粮食、工业原料以及为促进科学研究等方面着想，我国应该控制人口。他指出，人多固然是极大的资源，但也是极大的负担。要保住资源，去掉负担，办法是控制人口数量，提高人口质量。他提倡晚婚，建议国家实行计划生育政策。

令人意想不到的是，这一对中国经济社会发展有着巨大价值的意见在当时竟遭到了错误批判。马寅初却仍以一位改革家的姿态坚持己见。1979 年中共中央为其平反。1993 年他被授予首届中华人口特殊荣誉奖。现今，反思中国人口的沉重命题，马寅初的科学预见便愈显可贵。他的思想，超越时代；他的眼光，透视未来。

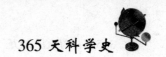

塞曼提出塞曼效应

塞曼（Pieter Zeeman）是荷兰著名的实验物理学家、"塞曼效应"的发现者，1865 年 5 月 25 日出生于荷兰泽兰省斯科威岛的小村庄宗内迈尔—名路德教教长的家里。

1896 年 8 月，塞曼在用半径为 10 英寸（1 英寸 = 2.54 厘米）的凹形罗兰光栅观察强磁场中钠火焰的光谱时，发现在垂直于磁场方向黄色 D 线变宽。10 月，他在平行于磁场方向同样观察到这种现象，另外，吸收光谱的情况与此类似。尔后塞曼使用了比钠 D 线更细的由镉产生的深绿谱线，加大了磁场（由几千高斯到几万高斯），提高了探测的精度，证实光谱线不是单纯地增宽，而是如洛伦兹所预言的分裂为两条或三条分线，且各分线是偏振的。这种光源在强磁场中谱线分裂成二、三条偏振化分线的现象，称为"塞曼效应"。

"塞曼效应"是探索原子内部精细结构和各组成部分性质的有用工具。利用它可算出电子的磁矩，可算出原子的角动量从而确定原子的能级。它对泡利不相容原理的提出和电子自旋的发现均起过重大作用。它与量子力学原理完全符合，成为量子力学的重要实验证明。它为研究电子顺磁共振现象和原子核性质（核能态、核磁矩等）提供了一种有效的手段。"塞曼效应"还可用来测量等离子体的磁场，并可将它与用磁探针法测得的结果相比较。在天文学中，应用它来测量太阳和其他恒星表面的磁场。

为表彰塞曼和他的老师——经典电子论的创立者——洛伦兹在研究磁场对光的效应领域所做出的卓越贡献，瑞典皇家科学院给他们颁发了 1902 年诺贝尔物理学奖。

非欧几何诞生

1826年2月12日，非欧几何诞生。

自欧几里得（Euclid）的《几何原本》诞生以后，《几何原本》中的第五公设就引起了人们的广泛注意。人们发现这一公设并不是那么简单、自明，于是便出现了试图证明这一公设的尝试，导致了长时间不能解决的难题——"第五公设"问题。

在试证这一公设的过程中，许多数学家设法正面找出证明的根据，但都以失败而告终。之后又出现了反证法的尝试，这一尝试具有极其深刻的意义，但由于这些数学家没有突破对时空观的限制，从而没有获得非欧几何的发明权。

19世纪20~30年代，俄国年轻的数学家罗巴切夫斯基（1792~1856）在前人工作基础上提出了与众不同的观点。他认为第五公设与其他几何公理相互独立，除欧几里得几何外，还有另外的几何系统存在。于是，罗巴切夫斯基把第五公设的相反命题同其他公理放在一起，构成一个新的几何公理系统，由此逻辑地推出非欧几何。

事实上，匈牙利数学家波尔约（J. Bolyai）和德国数学家高斯（C. F. Gauss）都独立地发现了非欧几何。波尔约因为在发表其研究成果后得不到任何人的支持而放弃研究数学，高斯则害怕愚人的喊叫而终生不敢公开这一结果。唯有罗巴切夫斯基始终坚持自己的观点，并决然发表自己的成果，体现出一往无前追求真理的勇气。

非欧几何的产生，引起了数学观念的革命性变化，导致了自然科学与哲学中重大原则的变革，是数学发展史上的一座里程碑。

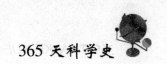

弗莱明提交关于青霉的论文

1944年，欧洲战场上，无数伤员伤口感染。当时的磺胺类抗菌药对高烧伤员已无济于事。在这种情形下，一种黄色粉末被溶解后注入伤员体内。几天以后，奇迹出现。这种"神药"，就是青霉素。它的发现者是亚历山大·弗莱明。

弗莱明，英国细菌学家。第一次世界大战中，作为一名军医，他注意到防腐剂对人体细胞的伤害很大，他认识到需要某种能杀死细菌而无害于人体的物质。战后，弗莱明致力于细菌研究。他将细菌置于培养器内，观察它的每一步变化，记录它的生长规律，日复一日，坚持不懈。

1928年9月15日，弗莱明正准备观察培养皿中的葡萄球菌时，发现琼脂上附了一层青霉菌。有着敏锐观察力的弗莱明注意到一个奇怪的现象：霉菌周围的葡萄球菌神秘地消失了，较远处的细菌却正常生长。弗莱明百思不解，多年形成的严谨的科学素养，促使他记录下这一现象，并小心地将这种霉菌培养起来。经过广泛试验，他最终得出结论：这种霉菌产生了一种抗菌物质，该物质有可能成为击败细菌的有效药物。弗莱明将其命名为青霉素。1929年2月13日，弗莱明向伦敦医学院俱乐部提交了一份关于青霉素的论文。经后人努力，1944年，医用青霉素正式问世。至此，弗莱明以其伟大发现开创了抗生素时代，他也因此获得1945年的诺贝尔生理学和医学奖。

青霉素的发现得益于用科学拯救生命的理想。它是20世纪医学界最伟大的创举之一，是人类发展抗生素历史上的一个里程碑。青霉素作为第一种能够治疗人类疾病的抗生素，给人类带来了福音，也正是它，引发了寻找抗生素新药的高潮，使人类进入了合成新药的时代。

第一台电子计算机在美诞生

1946 年 2 月 14 日，第一台电子计算机"埃尼阿克"（ENIAC，电子数字积分计算机的简称）诞生在战火纷飞的第二次世界大战，它的"出生地"是美国马里兰州阿贝丁陆军试炮场。

阿贝丁试炮场研制电子计算机的最初设想，出自于"控制论之父"维纳（L. Wiener）教授的一封信。而"埃尼阿克"计算机的最初设计方案，是由 36 岁的美国工程师莫希利于 1943 年提出的。美国军械部拨款支持研制工作，并建立一个专门研究小组，由莫希利负责。该小组包括物理学家、数学家和工程师 30 余名。其中，戈德斯坦负责协调项目进展；莫希利是总设计师，主持机器的总体设计；埃克特（Eckert）是总工程师；勃克斯（A. Burks）则作为逻辑学家，为计算机设计乘法器等大型逻辑元件。十分幸运的是，当时任弹道研究所顾问、正在参加美国第一颗原子弹研制工作的数学家冯·诺依曼（V. Nweumann，美籍匈牙利人）在研制过程中期加入了研制小组，他对计算机的许多关键性问题的解决做出了重要贡献，从而保证了计算机的顺利问世。

"埃尼阿克"共使用了 18000 个电子管，另加 1500 个继电器以及其他器件，总体积约 90 米^3，重达 30 吨，占地 170 米^2，需要用一间 30 多米长的大房间才能存放，是个地地道道的庞然大物。它的成功，是计算机发展史上的一座纪念碑，是人类在发展计算技术的历程中到达的一个新的起点。

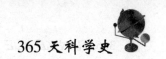

朱经武发现液氮温区超导体

朱经武 1962 年毕业于台湾成功大学。1965 年、1968 年分别获美国 Fordham 大学、圣迭哥加州大学硕士、博士学位。1994 年获超导科学卓越成就奖；1988 年获美国国家科学奖、美国科学院 Comstock 奖；1989 年当选为美国科学院院士、人文科学院院士和英国皇家学会外籍会员。现任美国德克萨斯州休斯敦大学超导研究中心主任、物理系教授。

1987 年初，朱经武教授和他的学生吴茂琨发现了一种材料：钇—钡—铜—氧化物，使超导记录提高到了 93K。在这个温度区上，超导体，可以用廉价而丰富的液氮来冷却。中国科学院物理研究所赵忠贤等几乎与此同时发现了这种新材料。当然，按照正常标准看，这个温度仍然很低，但是在超导世界，它是一个里程碑。它意味着物理学家可以用液氮而不是液氦使这种奇异的复合物冷却。不少物理学家对此津津乐道，液氮是现成的，容易处理，并且每夸脱的价格只有 30 美元，比啤酒还要便宜。此后，科学家们不懈努力，在高压状态下把临界温度提高了 164K（-109℃）。

朱经武教授是高温超导研究的先驱者和液氮温度超导电性发现者之一。这一成就对整个超导研究和凝聚态物理的发展起到了巨大的推动作用。

导体临界温度的提高为超导体的应用开辟了广阔前景。目前，超导电子显微镜、超导高速电子计算机、理想的磁屏蔽系统、微波技术更新等正方兴未艾。相信随着超导理论的进一步完善和发展，超导体新材料的继续研制，超导必将对整个社会发展产生巨大的推动作用。

查德威克发现中子

　　1932 年 2 月，当英国物理学家查德威克读到约里奥·居里夫妇关于"用 a 粒子轰击铍会产生穿透力很强的不带电粒子"的论文时，敏锐地觉察到用强 γ 射线的康普顿效应解释这种现象是不对的。于是，他重复了他们的实验，并且先后用这种射线辐照轻重不同的几种元素，结果证实这种射线确实不是 γ 射线：因为密度越小的物质越容易吸收它，而不像 γ 射线那样容易被密度大的物质吸收；而且，当这种射线轰击氢原子核时，会被反弹回来，说明它是具有一定质量的中性粒子流。查德威克通过测定反冲核的动量，再利用动量守恒定律，估算出其质量几乎与质子的相同。至此，查德威克把直观认识、逻辑思维和实验研究结合起来，大胆地指出这种铍辐射就是卢瑟福曾预言而他自己寻觅已久的"中子"。1932 年 2 月 17 日，查德威克宣布发现"中子"。

　　中子的发现，是原子核物理发展史上的一个里程碑，具有划时代的深远意义。人们搞清了原子核是由质子和中子组成的；重新认识了原子量与原子序数的关系，以及原子核的自旋、稳定性等原子核的特性问题；更重要的是打开了人类进入原子能时代的大门。因此，查德威克获得了 1935 年的诺贝尔物理学奖。

　　虽然中子早在 1931 年约里奥·居里夫妇研究天然放射性时就被观测到，但由于他们对理论研究的轻视态度，没有相信卢瑟福在 1920 年演讲中提到的中子的设想，最终只是把这种现象当成是一种强 γ 射线造成的康普顿效应，而错失了首先发现中子的机会。科学道路上绝不能轻易放弃任何"反常"现象，也许那正是一道通向成功的大门。

汤博发现冥王星

天王星发现后，根据其运行轨道的不正常，人们发现了海王星；当人们对海王星的轨道进行仔细观测时，发现其也有与天王星类似的摄动现象。这使人们确信：在海王星轨道之外，还存在太阳系的第9颗行星。于是，长达几十年搜寻"海外行星"的行动开始了。

对寻找"海外行星"热情最高的当属美国天文学家洛韦尔，他自己出资建造了洛韦尔天文台，几十年如一日，在茫茫星海中反复搜寻，但没有成功。1916年，他在生命垂危之际仍念念不忘此事，留下遗嘱要天文台的同事们完成他未竟的事业。此后，虽又有许多天文学家进行了异常艰苦的搜寻工作，但寻找"海外行星"仍是大海捞针，茫无头绪。

从1929年初开始，洛韦尔天文台把寻找"海外行星"的工作交给了年仅23岁的汤博，还启用了德国一家仪器公司发明的"闪视比较仪"，利用这一仪器可较容易地看出一颗星体在星空中的移动。汤博以全副精力投入这一工作，他每天对"闪视比较仪"所拍的星象底片进行严格的检查，不遗漏任何蛛丝马迹。这是一件极为繁琐而枯燥的事情。到1930年1月，他完成了金牛座40万颗星的检查，结果一无所获。汤博并不灰心，他仍然一丝不苟地工作着。1930年2月18日，他终于发现双子座中有一颗跳动的小行星，它在6天时间里仅移动3~4毫米，这同预计中的新行星又暗又慢的特点相吻合。在以后的几个星期里，汤博又连续对该星区拍照，确认这是一颗新行星。3月13日，新行星的发现被公布于世。

经过几代天文学家几十年的苦苦寻觅，太阳系的第九大行星——冥王星终于被发现，从而使人类对太阳系的认识疆域再次扩大。

帕里库廷火山喷发

　　帕里库廷火山从 1943 年 2 月 20 日开始喷发、形成，到 1952 年休眠，整整活动了 10 年，是人们亲眼看着形成的世界上最年轻的火山。

　　墨西哥是个多火山的国家，大致和北纬 19°线相平行，横贯一条东西长达 800 千米、南北宽 100 千米的火山带。在这条火山带上，由东向西呈锯齿状耸立着众多超过 3000 米的火山。帕里库廷火山位于墨西哥米却肯州，在西马德雷山脉和墨西哥新火山带的交叉点上。1943 年 2 月，在连续几天的地震之后，20 日下午 5 点半钟，帕里库廷村的地面裂开一道缝，从里面冒出火舌和浓烟，以后又开始喷涌岩石碎块和熔岩。帕里库廷火山长得很快，因为它一直在不停喷发。2 小时以后，火山口周围就形成了一个 10 米高的火山锥。24 小时以后它长到了 30 米，1 星期长到 120 米，1 个月 140 米，3 个月 250 米。9 个月后它开始喷射瓦斯和火山灰，其高温使周围 12 千米的地面都被烤焦，火山灰一直飘落到瓜达拉哈拉，甚至墨西哥城。到 1952 年 3 月 4 日，帕里库廷在不断喷涌了 9 年后，终于停止了活动，最后高度达到 457 米，并被列入死火山名单。它总共喷出 10 亿吨熔岩，冷却的岩浆依地形的不同形成厚度在 2 米到 35 米之间的火山岩层。

　　帕里库廷火山这种持续而又从容不迫的活动方式，给人们提供了一个认识火山的千载难逢的良机。从它开始喷发的第二天，就有大批墨西哥学者、艺术家和记者赶到这里安营扎寨，争相目睹这罕见的地理奇观。

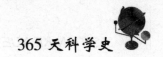

《关于托勒密和哥白尼两大世界体系对话》出版

1632 年 2 月 21 日，文艺复兴后期意大利物理学家、天文学家伽利略（Galileo Galilei，1564～1642）终于得到罗马教廷的允许，出版了《关于托勒密和哥白尼两大世界体系对话》。

《对话》一书以意大利文写成，内容通俗易懂。伽利略将新的科学思想和科学研究方法融会入《对话》中。他主张把系统的观察实验与数学方法相结合，建立逻辑缜密的科学系统。他认为，凭空臆想出的理论是经不起推敲的，理论只有通过实验证明才得以成立。《对话》一书中，伽利略假想出三个人，通过四天的对话来探讨地球运动、哥白尼学说、地球的潮汐等问题。他利用自己的力学研究成果，将"地心说"批判得体无完肤。

伽利略虽在《对话》中多次赞美上帝的神圣、伟大，但全书观点仍倾向于"日心说"。《对话》一书先后被译成拉丁文、法文、英文，广泛流行于欧洲各国，"日心说"为更多人所熟知，其影响日益广泛。这使教皇乌尔邦八世极为震怒，《对话》被列为禁书，伽利略被传唤至罗马接受审判。罗马教廷将伽利略拘禁起来，限制了他的人身自由与学术活动。1637 年伽利略双目失明，在女儿的照料下凄惨地度过了晚年。

伽利略为维护科学的独立性，毅然冲破了宗教枷锁对科学的羁绊。他坚持科学的实证精神，在观察实验中总结科学规律，尊重事实而不屈从于任何外界压力。伽利略的科学方法与理论对后世产生了深远影响，他被后人誉为"近代科学之父"、"经典物理学的奠基人"。爱因斯坦曾这样评价："伽利略的发现，以及他所用的科学推理方法，是人类思想史上最伟大的成就之一，而且标志着物理学的真正的开端！"

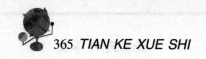

维勒报告合成尿素

在18世纪末和19世纪初，生物界流行一种活力论思想，认为动植物体内有一种神秘的活力，它决定了动植物的生存。受此影响，化学家认为有机物依赖于活力，因此只能在动植物体内产生，无法人工制得。这意味着化学家只能合成无机物，无法合成有机物，无机界和有机界存在着不可逾越的鸿沟。这一主观臆测影响非常恶劣，使有机化学家的研究大受局限，有机化学发展举步维艰。直到德国化学家维勒用人工方法制成了尿素，才打破了这种局面。

维勒在贝采里乌斯的实验室学习时，曾试图用氰气与氨水反应制备氰酸铵。但氰酸铵未制成，却意外得到了草酸铵和一种不知名的白色结晶物质。维勒肯定它不是氰酸铵但却不知其组成。在后来的研究生涯中，维勒不断对此结晶进行探究，发现其性质与尿素相像。他将此物质与从尿液中提炼出来的尿素相比较后确定它们是同一种物质。1828年2月22日，他兴奋地向老师贝采里乌斯报告："我无法再继续怀疑我对尿素的化学合成了，我不得不宣布，我不用通过肾就能够制得尿素。"此后，他在《尿素的人工合成》中又公布了他制取尿素的两种方法：第一种，用氯化铵溶液处理氰化银后加热；第二种，用氨水处理氰酸铅，分离氢氧化铅沉淀后加热。

维勒用无机物合成了典型的有机物尿素，突破了无机、有机物的界限，极大地冲击了活力论，在有机化学发展史上具有里程碑式的作用，同时也大大促进了生物学的发展。但活力论者仍继续狡辩，虽然氰和氨都是无机物，但却由活性炭制成，所以还有有机物的痕迹。维勒的工作虽然没有完全推翻活力论，但他开启了有机合成之门，拉开了有机化学新世纪的帷幕。

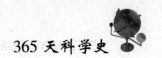

门捷列夫致信温克勒表明锗即类硅

门捷列夫在他的元素周期表中留下了充满诱惑的空白，并预言：将来一定会发现该席位的主人。除此之外，门氏又特别选出三个代表性的元素：类硼、类铝、类硅，对它们的性质做了大胆而又细致的预测。这种把握十足、理直气壮的预言将来是否能够得到证实，是对周期表正确性的重大考验。

类铝率先在法国被发现。4 年后，瑞典一位科学家又发现了新元素钪即类硼。世人为之欢呼雀跃。

1886 年又爆出了新闻：德国的温克勒发现了一种新元素，它与门氏预言的"类硅"相吻合。类硅的发现者温克勒一直相信门氏的周期律。门氏预言，有一个空位元素"类硅"，它的原子量大约是 72，密度为 5.5……温克勒正是沿这条线索找到"类硅"的。他从银矿中分离出一种原子量为 72.7，密度为 5.5 的银白物质，它在空气中加热后形成的氧化物与预计的一样；它的沸点与门氏预言的一致。

2 月 26 日，门氏致信温克勒表明锗即类硅。周期律大获全胜。在 11 年当中，门氏特意选出的三个元素，分别在瑞典、法国和德国一个接一个地发现了。有趣的是，上述三个国家在地图上的位置，大体上和三个元素在周期表上所排列的位置相似。

1889 年夏天，门氏接受一个化学会的邀请进行学术讲演。在讲演结束时说："20 年前我们发现了周期律，并根据它预言了尚未发现的三种元素的性质。那时曾指出过这样性质的元素将来是一定会发现的，但是并没想到能在我的有生之年就会发现它们。我今天能够在尊敬的英国化学会的各位会员先生面前，荣幸地报告说我的预言是完全准确的，这也是我梦想不到的事情。"

英国《自然》杂志报道克隆母羊"多莉"的诞生

小绵羊"多莉"算得上是世界上知名度最高的羊了。她的诞生如石破天惊，引发了一场席卷全球的"多莉"风波。

1997年2月27日英国《自然》杂志报道了一项震惊世界的研究成果：7个月前，罗斯林研究所利用克隆技术培育出一只母羊——"多莉"。这是世界第一只用已经成熟的体细胞（乳腺细胞）"克隆"出的羊。

"多莉"是采用体细胞核移植技术产生的，大致步骤为：将母绵羊的乳腺细胞核植入另一只母绵羊去除细胞核的未受精卵中，形成胚泡；再移植到第三只母羊的子宫内，借腹怀胎，生出与供体母绵羊基因完全相同的幼羊。产生的羊的遗传性状几乎和供体羊完全一致，可以说是供体羊的无性繁殖的复制品，即"克隆羊"。

克隆即以单个细胞为母细胞，繁衍出细胞群和个体群，实质是一种无性繁殖。克隆技术又叫细胞核移植技术。克隆羊诞生之所以成为举世瞩目的事件，其科学意义在于首次采用动物体细胞作为核供体完成了核移植。

克隆技术的突破性进展将对农牧水产、环境保护、医药工业、生物医学工程研究等起到重大推动作用：克隆技术可能复制出与人体无排斥反应的器官和组织，提高器官移植成功率；复制动物基因，制造免疫制剂，为免疫性疾病、传染病、癌症等的诊断、预防、治疗开辟了新天地；有选择地繁殖珍稀动物，挽救濒临灭绝的物种；培育和保存动植物优良品种。

但是，克隆技术也有可能给人类带来始料未及的灾难。如"克隆人"引起的关于伦理的争论至今沸沸扬扬。总之，克隆羊的诞生表明人类了解和操纵生命的能力以前所未有的速度在提高。21世纪也被众多科学家和有识之士称为"生物学的世纪"。

张衡地动仪测出远隔千里的陇西地震

张衡是我国汉代的一位科技全才，在数学、天文、地学，甚至哲学、文学等方面都有重大建树。张衡生活的那个时代，地震频繁。据记载，从公元92年到125年的30多年间，洛阳等地先后发生过20多次地震，其中有6次是破坏性较大的。目睹地震造成的灾害，张衡决心对其发生规律进行探究。经过6年孜孜不倦的艰苦努力，他于公元132年制成了世界上第一台测定地震方位的仪器——候风地动仪。

候风地动仪用青铜制成，状似倒置的酒坛，四周刻着8条龙，龙头分别朝向东、东南、南、西南、西、西北、北、东北8个方向。每条龙嘴里含着一个小铜球，龙头下方，蹲着一个铜制的蟾蜍，对准龙嘴张着口。要是哪个方向发生了地震，朝着那个方向的龙嘴就会自动张开，吐出铜球，掉入蟾蜍口中，发出地震警报。

公元138年3月1日，地动仪正西方龙嘴中的小球突然掉入下面的蟾蜍口中，发出清脆的响声。可是当天洛阳一带一点也没有觉察到震动，许多学者和官员议论纷纷，讥笑地动仪不灵。过了几天，驿使快马来报，陇西地区发生强烈地震。此时人们才相信了地动仪的作用，盛赞它应验如神。

张衡的地动仪是世界科技史上的奇迹，它对千里之外地震的测知是地震史上划时代的事件。它利用物体的惯性来拾取地震波，从而对地震进行远距离的测量，这一原理直到现在仍然在沿用，它比欧洲类似的仪器要早1700年。

贝克勒尔发现放射性

贝克勒尔（Henri Antoine Becquerel，1852～1908）是法国著名的实验物理学家、举世闻名的放射性发现者。

1896 年 1 月 20 日，贝克勒尔在法国科学院的例会上，看到了法国科学家彭加勒展示的伦琴发现 X 射线的论文及 X 光照片后，产生了"X 射线是否可能从荧光物质中发出"的想法。由于他的家族对荧光已有 60 多年的研究历史，于是他利用便利的条件开始了这方面的研究。他最初的实验并没有取得肯定的结果，直到他用了一种铀盐，并把它放到阳光下曝晒发出荧光，果然检验出它能像 X 射线那样使底片感光。于是在 2 月 24 日，他向法国科学院报告，认为 X 射线是由于太阳光照射铀盐的结果。由于连续几天的阴天，他无法继续进一步实验，便把铀盐和包好的底片一起放入抽屉。但随后他冲洗底片时却意外发现底片感光了。对这一意外现象，在 3 月 2 日的报告中，他指出"这一作用很可能在黑暗中也能产生"，放弃了 X 射线和荧光及磷光有统一机理的想法。

贝克勒尔对天然放射性的研究，为居里夫妇的发现开辟了道路。玛丽·居里首先证实了铀的辐射强度同铀的数量成正比，而与其化学形式无关。随后，她与德国的施米特（G. C. Schmidt，1856～1949）同时发现钍也具有这种性质，并建议把这种性质称为"放射性"。之后，居里夫妇又相继发现了钋、镭等放射性元素。

贝克勒尔对放射性的开创性研究及居里夫妇对这一现象的实验验证，使他们获得了 1903 年的诺贝尔物理学奖。

电话之父贝尔出生

1847 年 3 月 3 日，电话之父亚历山大·格雷厄姆·贝尔出生在英国苏格兰的爱丁堡市。由于家庭的影响，他从小就对声学和语言学有浓厚的兴趣。他曾开办过培养聋哑人教师的学校，后受聘为波士顿大学声音生理学教授。

有一次，当他在做电报实验时，偶然发现了一块铁片在磁铁前振动会发出微弱声音的现象，而且他还发现这种声音能通过导线传向远方，这给了贝尔很大的启发。1873 年，他辞去教授，开始专心研制电话。1875 年，贝尔看到电报机中把电信号和机械运动互相转换的电磁铁，这使他受到了启发。他把音叉放在带铁芯的线圈前，音叉振动引起铁芯相应运动，产生感应电流，电流信号传到导线另一头经过转换，变成声信号。

贝尔在一次实验中，不小心把瓶内的硫酸溅到了自己的腿上，他疼痛得喊叫起来："沃森先生，快来帮我啊！"想不到，这一句极普通的话，竟成了人类通过电话传送的第一句话音。正在另一个房间工作的贝尔先生的助手沃森，是第一个从电话里听到电话声音的人。贝尔在得知自己研制的电话已经能够传送声音时，激动得热泪盈眶。当天晚上，他写给母亲的信中预言："朋友们各自留在家里，不用出门也能互相交谈的日子就要到来了！"

多次实验后，贝尔把音叉换成能够随着声音振动的金属片，把铁芯改作磁棒，经过反复试验，制成了实用的电话装置。1876 年，贝尔获得了美国的电话专利。1877 年，在波士顿设的第一条电话线路开通了。同年，第一份用电话发出的新闻电讯被发送到波士顿《世界报》，从此开始了公众使用电话的时代，贝尔也由此奠定了他在世界技术史上不朽的地位。

门捷列夫发现元素周期表

1869 年 3 月 6 日，在圣·彼得堡大学召开的俄国化学会上，学会委员门舒特金代替因患病未能出席的该大学教授门捷列夫博士宣读了题为"元素的性质和原子量的关系"的论文，标志着被恩格斯誉为"化学史上的一个勋业"的元素周期律的发现。

到 1869 年，科学家们已经认识了 63 种元素并确立了原子量和原子价，详细研究了物理及化学性质。不过这些资料仍繁杂而纷乱，化学家们纷纷开始探讨原子量与元素性质间的关系——以寻求事物的秩序和统一性。门捷列夫在这样的背景下推出了他的元素周期说。

元素周期律及其图表说明元素的性质是受原子量支配的，随着元素原子量的增加，各种元素性质间存在着周期性变化的规律。门捷列夫把所有的元素按原子量最小开始依次排列起来。横行代表周期，竖列则收容了性质类似的元素。竖列元素的差异按原子量的递变顺序显示一定的规律性。列与列之间随列的变化，原子价和元素的物理、化学性质也呈规律性变化。各个元素都被井然有序地镶嵌在 12 个横行，8 个竖列里。其中有些空位是留给那些预想到将来一定会发现的元素的。

门捷列夫根据元素周期律预言了尚未被发现的新元素的存在并修正了某些元素的原子量。镓、钪、锗元素的相继发现证实了门捷列夫的预言。

周期律的建立，使化学研究从只限于对大量个别的零散事实作无规律的罗列中摆脱出来，奠定了现代无机化学的基础。1882 年，门捷列夫因此得到了英国皇家学会的最高荣誉——戴维奖章。

人类基因工程组计划 "标书" 发表

1986 年 3 月 7 日，曾获得 1975 年诺贝尔生理学或医学奖的杜尔贝克，在美国《科学》杂志上发表了《癌症研究的转折点——人类基因组的全序列分析》，这篇文章使人们开始认真思考进行全世界基因研究合作的可能，并引发了人们联合起来进行人类基因研究的壮举，被公认为人类基因组计划（HGP）的"标书"。

早在 1979 年，英国科学家博德默和所罗门等就提出绘制人类基因的设想。之后，美国能源部的遗传学家和进行疑难病研究的生化学家也提出了同样的看法。在此背景下，杜尔贝克写了这篇文章。文章中，他呼吁大家联合起来，从整体上把人类的基因组搞清楚。他提出了进行人类基因全序列分析的宏伟目标，并指出该项目非常艰巨和宏大，只有成为全球性重大项目，全世界共同参与，才有可能实现。他的提议引起科学界一片哗然，科学家们就此进行了广泛争论。因为这个设想如果能够实施并最终成功，将不仅对癌症的病因学分析和治疗产生深远的影响，而且对于许多疾病的诊断和治疗都将带来巨大的变革。

HGP（Human Genome Project）旨在阐明人类基因组 DNA 近 30 亿碱基对的序列，发现所有人类基因及其在染色体上的位置。从而破译人类遗传信息。除了具体的测序目标外，研究 HGP 的伦理学、法学和社会学影响与后果，发展生物信息学和计算生物学也是 HGP 的重要内容。HGP 预计 15 年内投资 30 亿美元，于 1990 年 10 月 1 日开始实施，在 2005 年完成人类基因组全部序列的测定。

HGP 是人类自然科学史上最伟大的创举之一，它所倡导的"全球合作、免费共享"的"HGP 精神"，已成为人类科学研究国际合作的楷模。

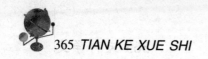

开普勒第三定律形成

1618 年 3 月 8 日,通过仔细分析研究第谷留下的天文数据资料,开普勒得出了行星运行第三定律。至此,行星运行三大定律全部形成,开普勒所苦苦追寻的宇宙秩序终于建立起来。

哥白尼及其以前的天文学家,都认为行星沿正圆轨道匀速运动。开普勒认为圆总是存在一定的偏离。开普勒坚信第谷的观测数据是准确的,那就意味着必须抛弃行星沿圆形轨道匀速运动的旧观点。经过艰苦地努力和无数次推算,开普勒从轨道和匀速运动出发,算出了火星的位置。与第谷实际观测到的位置对照,终于发现火星是沿椭圆轨道绕太阳运行的;火星的运动速度是不均匀的,距太阳近时运动速度快,距太阳远时运动速度慢;行星与太阳的连线在相等时间内扫过相同的面积。这就是第一和第二定律。

得到上述两条定律,并没有使开普勒停止自己的研究步伐,他继续努力以探索更深刻的天体运动规律。他耗费了大量时间和精力去计算和分析行星与太阳的距离和行星公转周期之间的关系。开普勒以地球到太阳的距离为基本的标准,推算出其他行星到太阳的距离。又把当时已经知道的各个行星的周期一一列出。然后,他在一大堆数字中试着做各种极为枯燥繁琐的运算。在遭遇了无数次失败后,终于发现行星轨道的半长轴的立方与周期的平方成正比例,即 $a^3/T^2 =$ 常数。这就是行星运动第三定律。

1619 年,开普勒出版了《宇宙和谐论》一书,把研究火星得出的第一定律和第二定律推广到太阳系的所有行星,同时公布了第三定律,完成了他对科学发展的最大贡献。

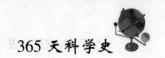

天王星掩恒星的罕见天象发生

1977 年 3 月 10 日发生了天王星遮住背后星球的罕见天象，使天文学家首次意外地发现天王星还戴着 9 个神秘的光环。

由于相对运动的关系，远方恒星有时会移动到太阳系天体如月亮、行星或小行星的正后方，这种现象称为掩星。掩星发生时，如果近距天体没有大气，星光便立即消失。如果天体外围有大气，则星光在完全消失前会有一个略被减弱的过程。各类掩星发生的时刻可以通过理论计算非常准确地作出预报。

1973 年英国天文学家高登·泰勒预报 1977 年 3 月 10 日有个恒星 SAO158687 将被天王星掩食。天文学家本想用此罕见相会观测天王星的大气和测定它的直径，但出乎意料地发现该恒星的亮度有几次下降。中国、美国、澳大利亚等国的天文学家都对此进行了观测。意想不到的奇怪事情发生了，该恒星在预报被掩时刻前 35 分钟出现了"闪烁"，也就是星光减弱又迅即复亮。这种闪烁一连出现了好几次。当这颗星经天王星背后复现，或者说掩星过程结束后，闪烁现象又重复出现。以后，经过对观测结果的仔细研究，发现闪烁是因天王星环的存在而造成的。这是继 1930 年发现冥王星后 20 世纪太阳系内的又一重大发现。由于天王星环非常暗弱，过去即使在大望远镜中也从未直接观测到过。1978 年，美国用 5 米口径望远镜才在波长 2.2 微米的红外波段首次拍摄到天王星环的照片。

天王星环的发现对天王星起源和演化的研究有着重要意义。

法拉第在皇家学会密封关于光的电磁说的预言

1832 年 3 月 12 日，英国科学家法拉第（Michael Faladay，1791 ~ 1867）把一封密信交给了英国皇家学会，信封上面写着："现在应当收藏在皇家学会的档案馆里的一些新的观点。"

在这封信里法拉第提出了一个重要的科学猜测：电磁作用可能以波的形式传播，而且光可能就是一种电磁波动。在信中法拉第提出磁作用不是超距离，而是近距离。遗憾的是法拉第没有公开发表这一杰出猜测，这封信在皇家学会的档案馆里静静地躺了 100 多年，直到 1938 年才为后人重新发现，此时电磁场理论早已确立，电磁波也已经广泛地应用于通讯技术等领域。

法拉第在这封信中提出了一系列杰出的科学猜测，他预言了磁感应和电感应的传播需要时间，而这种传播类似于水面波或者声波，暗示了电磁波存在的可能性；他还预言光可能是一种电磁振动的传播。根据他的类比和猜测，法拉第指出进一步的工作就是把振动理论应用于这一研究。法拉第不愧为一个伟大的物理学家，他思想深刻，目光深邃，具有杰出的洞察能力。在 1832年，这些无疑是超越时代的伟大猜测。

但是，我们也会产生这样一些问题：这样重要、大胆的科学猜测，为什么法拉第要把它锁在皇家学会的档案馆里呢？为什么他不去设法用实验证实它呢？

法拉第这样做，可能有如下原因：正如法拉第在信中所写的那样，他没有时间对这一猜测进行实验研究，全部注意力都集中到对电磁感应现象的研究；没有找到检测这一猜测的具体实验思路（也许这是法拉第让他的猜想一直静睡在档案馆中的最主要原因）；法拉第数学功底不好，没能得到数学的精确表达。

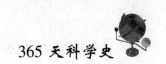

康德为《自然通史和天体论》写献辞

康德被誉为近代最有影响的哲学家，曾在思想界发动了"哥白尼式的革命"。同样，他在自然科学方面关于太阳系起源的星云假说也具有革命意义。该理论是他在匿名发表的《自然通史和天体论》中提出的。《自然通史和天体论》一书出版于1755年，扉页上载有康德于当年3月14日为普鲁士国王所写的献辞。

康德认为，太阳系的原初状态是一团由尘埃微粒构成的云雾状原始星云。在引力作用下，微粒不断发生碰撞和合并，逐渐形成团块。较大的团块吸引较小的团块，形成集积物。集积物合并扩大，最后在星云中心形成巨大的中心天体，即太阳。由于微粒相撞产生的斥力，微粒在向中心体下落时方向发生偏转，围绕中心体做圆周运动，同时中心体进行自转运动。碰撞和合并仍在继续，做圆周运动的微粒又会形成小的引力中心，即行星。以此类推，又形成了卫星。

此假说显然过于粗略，但在当时资料比较缺乏的情况下，做出如此深刻的探讨已相当难得。而且，它还有自然观上的重大意义，康德用物质和运动解决了牛顿借上帝之手解决的难题，并且破除了形而上学的牢笼，体现了发展的宇宙观。恩格斯称赞它是"从哥白尼以来天文学取得的最大进步，认为自然界在时间上没有任何历史的那种观念，第一次被动摇了。"

遗憾的是，如此重要的理论在当时影响并不大，直到后来拉普拉斯又独立提出类似的理论后才引起广泛关注。从此，天文学的新研究分支——天体演化学诞生了。

"侯氏制碱法" 正式命名

"侯氏制碱法"即"联合氨碱法",正式命名于1941年3月15日。它的发明者是中国制碱专家侯德榜。该方法的创立经历了一段曲折的艰辛历程,体现了中国人的气节和智慧。

20世纪20年代,世界上最先进的制碱法是为索尔维公司垄断的索尔维制碱法。1921年,为改变中国制碱业落后状态,中国实业家范旭东特邀毕业于美国麻省理工大学的侯德榜任工程师,创办永利碱厂。侯氏只用了4年的时间,就模仿索尔维法制出了纯度大于99%的纯碱。后来为了提高食盐利用率,降低原料成本,永利碱厂打算购买德国"察安法"专利。对方的苛刻条件激怒了热爱祖国的侯氏。经过几年的努力,他于1941年终于成功地开创了"侯氏制碱法"。

"侯氏制碱法"的原理是联合制碱工艺与合成氨法以同时制取纯碱和氯化氨。具体为:利用合成氨中的废气 CO_2 作为碳化原料,省去了石灰窑。由此,纯碱的成本与国际通用的"索尔维法"比降低了40%。同时循环利用食盐水,并利用其中的 Cl 生产农用肥 NH4Cl,将食盐水的利用率提高到98%以上。与"索维尔法"、"察安法"的间断生产不同,"侯氏制碱法"采用了连续生产法,大大提高了生产效率。

"侯氏制碱法"融"索尔维法"和"察安法"的精华于一体,为世界制碱业树起了一座丰碑。

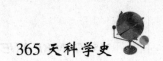

首次宇宙飞船空中对接获得成功

　　1966 年 3 月 16 日，美国的"阿吉纳"8 号无人飞船和"双子星座"8 号载人飞船对接取得成功。这是人类历史上两个飞行器最先在宇宙中对接成功。

　　宇宙飞船在宇宙中只能按既定的轨道运行，一旦进入轨道，飞船不烧燃料而是靠惯性飞行的。如果没有多余的燃料，宇航员本领再大也无法对它发号施令，想改变一点轨道或调整一下速度都是不可能的。要使两个飞行器在宇宙中会合对接，就要求人能对飞船操纵自如。

　　"双子星座"计划是阿波罗工程的第二阶段，从 1965 年 3 月到 1966 年 11 月，"双子星座"共进行了 10 次载人飞行，累计 40 天 9 小时 53 分，主要任务是在轨道上进行手控操纵机动飞机、会合对接及宇航员的舱外活动，为载人登月做技术上的准备。

　　美国在进行了地面试验和不载人飞行后，"双子星座"3 号由"大力神"火箭发射，进行首次载人飞行。指令长格里索姆和驾驶员约翰·扬，在绕轨三圈飞行中，用手动操纵完成了飞船上下、左右、前后及变轨道的机动飞行。1965 年 6 月 3 日，"双子星座"4 号驾驶员怀特还进行了太空行走。"双子星座"7 号先于 6 号发射。当两者相距 30 厘米时，实现了宇宙飞船的首次会合。

　　1966 年 3 月 16 日，"双子星座"8 号在轨道上与"阿吉纳"8 号无人飞船相距几百米时，宇航员阿姆斯特朗和斯科特启动姿态控制和微进发动机，向无人飞船慢慢逼近。"双子星座"8 号的对接杆插入无人飞船的锥形连接锁孔中，两艘飞船就像两节火车车厢一样牢固地连接在一起，对接取得了成功。此后，又连续进行了 4 次会合对接试验，其中 3 次获得成功，解决了会合对接中的重大技术问题。

爱因斯坦奇迹年中的第五篇论文发表

1905 年，在伯尔尼瑞士专利局工作的爱因斯坦利用业余时间发表的论文中，包括现代物理学中三项伟大的成就：分子运动论、狭义相对论和光量子假说。这些成为 20 世纪科学革命的真正发端，也是 20 世纪科学革命的丰硕果实。其伟大意义，在整个科学史上，只有牛顿创立万有引力理论可以与之相比。因此这一年被称为"爱因斯坦奇迹年"。

这位年仅 26 岁的技术员，当年一口气完成了五篇论文，其中四篇于当年、另一篇于次年在德文《物理学杂志》发表。这五篇论文分别是：①《分子大小的新测定》，②《热的分子运动论所要求的静止液体中悬浮小粒子的运动》，③《论动体的电动力学》，④《物体的惯性同它所含的能量有关吗?》，⑤《关于光的产生和转化的一个试探性观点》。第五篇于 3 月 17 日发表。五篇论文涉及从经典物理学向现代物理学转换的三个领域：①和②阐明了分子的本性，解释了悬浮微小粒子统计的"布朗运动"，对于消除当时人们对原子物理实在性的怀疑，以及开启统计热力学与随机过程的普遍理论具有重要意义。③和④致力于扩展与完善麦克斯韦理论，引进了狭义相对论，并且第一次表达了著名的方程 $E = mc^2$。⑤论证了光具有粒子性又具有波动性，并解释了当固体受光照射而发射电子这种先前令人困惑不解的光电效应，深刻地揭示了麦克斯韦场的连续性与粒子分立性之间的矛盾，成为量子论发展进程中的重要里程碑。

1921 年诺贝尔奖评选委员会将当年的物理学奖授予爱因斯坦时宣称，他"因在数学物理方面的成就，特别是发现了光电效应的规律"而获奖；而将那惊世骇俗的相对论留待时间老人的进一步检验。

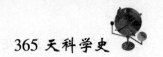

迈克耳逊－莫雷干涉实验

19 世纪流行一种理论——以太不动论，指的是以太作为光波的载体和参照系是绝对静止的。麦克斯韦的电磁学理论应用到动体时带来的某些不对称性，依赖于"以太不动论"解释。麦克斯韦认为地球的运动会使静止以太产生实验可以测量的电学或光学效应——"以太风"效应。

由于麦克斯韦理论中要求实验精度要达到一亿分之一，而在当时的条件下无法实现。所以麦克斯韦就在他逝世前几个月的 1879 年 3 月 19 日写信给美国航海历书局托德（D. P. Todd），询问是否可用木卫食的天文观测方法来检验"以太风"二级效应。正是这封信，引起了正在美国与航海历书局局长纽科姆合作进行光测量实验的迈克耳逊的兴趣，也就有了紧随其后的著名的迈克耳逊—莫雷干涉实验。

迈克耳逊选择了用光干涉的方法来测量以太风。受雅满（Jamin）干涉仪的启发，他自己设计出了一种新型的光干涉仪，后来被称为"迈克耳逊干涉仪"。1881 年 4 月上旬他进行了观测，但实验结果否定了"静止以太"。后来在 1887 年 7 月，他改进了实验设备，与莫雷一起重新进行了测量。这就是历史上著名的迈克耳逊—莫雷实验。他们把设备放在水银面上，使之既能在水平面内自由转动又能避免振动的干扰，还利用两组平面镜来回反射两束相干光，使光程增大到 11 米。经过几天的紧张观察，仍然没有得到预期的结果，迈克耳逊认为实验是失败的。这一困惑，直到爱因斯坦的相对论发表才得以解释："光以太"的引入是多余的。

1907 年，迈克耳逊"由于他的精密仪器及用仪器进行的光谱学和计量学中的研究工作"获得了诺贝尔物理学奖。在颁奖时，只字未提"迈克耳逊—莫雷实验"。其源盖出于当时的学术权威并未承认这个实验的历史意义。

伏打向英国皇家学会报告电池堆装置的发明

生物学家伽伐尼认为，在蛙腿伸缩实验中，蛙腿伸缩现象和电鳗引起电击是类似的。但他的朋友意大利物理学家伏打很快证明了引起蛙腿收缩的电流纯粹是一种无机现象，不是"生物电"，而是"金属电"，湿润的动物体（蛙腿）只不过是起着验电器和传导的作用。

伏打出生在意大利的科莫。1772 年开始研究起电机的制作，3 年后发明了起电盘。1779 年在帕维亚大学担任物理学教授职务，主持物理学讲座 20 多年。伏打认识到，两种金属的接触是产生电流的必要条件，只要有两种金属与另一个第二类导体（某些化学溶液或生物体的器官）联结成一个回路，就能产生电流。之后，伏打用了 3 年时间，用各种金属搭配，做了许多实验，为各种导体排序。伏打用大量铜圆片和铁或镀锌的圆片交替放置，中间再用多层曾在盐溶液中泡过的布片隔开，制成了一种称为"伏打电堆"的东西。

1800 年 3 月 20 日，伏打送了一份描述自己发明的手稿给伦敦皇家学会。后来人们把这种装置称为电堆。伏打电堆优于莱顿瓶，可以把电堆的两端的金属导线连接起来获得持续的电流。它是我们今天用于照相和许多其他设备上的现代电池的雏形。随着伏打电堆的发明，人们第一次有可能获得比较稳定的电流，从而为进一步研究提供了条件，进入了用科学的定量方法来研究的近代阶段。

今天，伏打电堆和电势的单位"伏特"，就是为了纪念这位才能出众的物理学家而命名的。

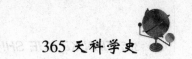

茨维特首创色谱法

色谱法（层析法）是现代分析化学中重要的分离、分析技术，它是由俄国植物学家茨维特发明的。

茨维特早年曾在日内瓦大学学习物理学、化学，对物质的物理、化学属性有了些了解。回国后，他致力于用物理学、化学的理论和方法研究植物学，强调深入细胞内部研究。比起同行，他的观点富有创意，也正是这种创新精神才导致新方法的发明。

茨维特的研究课题是叶绿体，他认为叶绿体是叶绿素和清蛋白的混合物——叶绿蛋白。它成分复杂，含有不止一种绿色色素。此观点当时不被认同。他力图通过实验证明自己的结论。多次实验后，他发现存在两种叶绿素：叶绿素 a 和 b。叶绿素 a 当时已经被提纯了，但叶绿素 b 尚无法制得。为使理论更有说服力，他决心把叶绿素 b 从溶液中分离出来。经过不断实验和摸索，他发明了极其简单却十分有效的分离仪器：一根玻璃管填充以白垩或氧化铝。不同物质在流动相中有不同吸附系数，含有多种组分的物质通过吸附柱后依次有规律地排列，这样就将物质分离出来且不改变原性状。他把此方法与多色光通过棱镜分色类比，把新方法命名为色谱法。利用色谱法，他顺利分离出了叶绿素 b，证实了自己的理论。

科学界对这种简单仪器的可靠性持怀疑态度，认为缺乏理论依据且实验数据不可靠。后来茨维特详细阐述了色谱过程的理论依据，公布了对大量物质吸附特性的研究，还用它分离出类胡萝卜素等重要物质。虽然色谱法已为众人所知，但遗憾的是直至茨维特去世也没得到推广。

经后人努力，色谱技术得到发展，被广泛应用于化学、生物学、医药学、石油化工等领域，在科学和工业的发展中发挥着重要作用。

英国滑翔机首次载人自由飞行

　　1853 年 3 月 21 日，英国航空科学家乔治·凯利研制的滑翔机首次载人自由飞行。

　　凯利 1773 年 12 月 27 日出生于英国的斯卡·波诺撒，从小就受到良好的教育，但有关自然科学方面的知识，凯利主要得益于一位家庭教师——当时著名的数学家乔治·瓦克。在凯利 10 岁时，法国人罗齐尔作了历史上第一次载人气球的飞行，这使得年幼的凯利对航空产生了极大的兴趣。1792 年，他使用一种名叫"中国飞陀螺"的玩具直升机作了一连串试验，于 1804 年写出了第一篇有关飞行原理的论文。在论文中凯利提出，现代飞机应采取固定翼＋推进器的模式，而不是模仿鸟类的震动翼。他详尽地描述了现代飞机的轮廓，并指出，适当的安定性是在制造翼面时取得一些角度而产生的，这就是现代飞机的上反角。他还指出了机尾必须有垂直和水平的舵面，飞行器必须为流线型。他还研究过速度与升力的关系、翼负荷、如何减轻飞行器重量的问题。1799 年凯利把自己的现代飞机设计方案刻在了一个银盘上（现藏于伦敦科学博物馆），一面刻着有关机翼上各种作用力的说明，另一面刻着飞机草图。因此，凯利被公认为飞机的创始人，并被誉为"航空之父"。他为重于空气的航空器创立了科学的飞行原理（之前，航空是"一门在公众眼中接近于荒谬可笑的科学"）。凯利 23 岁的时候，制造了一个直升机模型；之后，通过研究鸟翼推动力，他添加了旋转臂，制成了一架滑翔机模型。经过长期的试验和改造，终于在 1853 年的 3 月 21 日凯利带着他的马夫乘着航空史上第一架重于空气的载人航天器飞行了几百米，成功地完成了人类有史以来第一次载人滑翔机的自由飞行。

世界气象日

地球是一个自然灾害频繁的星球，而天气、气候灾害占到自然灾害的70%以上。在严重的天气、气候灾害面前，人类显得极其脆弱：狂风刮倒房屋；暴雨引起的洪涝淹没农田；长期干旱导致庄稼干枯、人畜渴死；高温酷热和低温严寒造成病人增加、死亡率增高；雷电致人死伤和引起火灾。这样的事例不胜枚举。气候变化对人类的影响没有国界，也不存在政治因素，飓风、洪水、地震、干旱……这些自然灾害会随时袭击世界的每个角落。

1947 年 9～10 月，国际气象组织（IMO）在美国华盛顿召开了 45 国气象局长会议，决定成立世界气象组织（World Meteorological Organization，WMO），并通过了世界气象组织公约。公约规定：当第 30 份批准书提交后的第 30 天，即为世界气象组织公约正式生效之日。1950 年 2 月 21 日，伊拉克政府提交了第 30 份批准书，3 月 23 日世界气象组织公约正式生效，标志着世界气象组织正式诞生。为纪念这一特殊的日子，1960 年世界气象组织将公约生效日即 3 月 23 日定为"世界气象日"，并从 1961 年开始，每年都要组织全球气象水文界开展庆祝活动。

为了提高全球抵御灾害的能力，减轻天气和气候极端事件的危害，世界气象组织在监测、预报和建立畅通的气象信息渠道方面做了许多卓有成效的工作。此外，世界气象组织还通过建立世界气候计划、科研发展计划、水文与水资源计划、气象应用计划、热带气旋计划、教育培训计划、技术合作计划、长期规划以及参与国际减灾十年计划等来组织、协调国际气象和水文业务合作，为各成员政府和公众及时提供天气、气候灾害预报和警报服务，为保护人类生命财产安全和可持续发展做出了突出贡献。

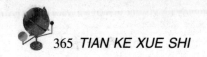

科赫发现结核病病原菌

有"白色鼠疫"之称的结核病是世界上最主要的传染病之一，危害已久。19 世纪又在欧美大肆流行，成为人类健康的头号杀手，医学界束手无策。罗伯特·科赫发现结核杆菌，给控制结核病带来了希望。

科赫是德国细菌学家。在巴斯德的影响下致力于传染病病原的研究。1881 年，他着手探索肺结核病因。他研究了病肺，未发现细菌，但将其研碎，注射到动物体内，却都得了结核病。"它会不会和周围物质同样颜色？"科赫决定试用染色法。他用各色化学染料制成结核节涂片，进行分组实验。果然，蓝色染料显示了一些纤细弯曲的杆菌。他又找来所能找到的各种结核节进行染色观察，结果都显示了同一种杆菌。接着，他用血清固体培养基进行结核杆菌的纯培养，将获得的结核杆菌接种到豚鼠体内引起了结核病。至此，完全证实了结核杆菌是结核病的病原菌。1882 年 3 月 24 日，科赫在柏林生理学协会的会议上宣布了这一重大发现。后来每年的 3 月 24 日就被定为"世界防治结核病日"。他也因此荣获 1905 年诺贝尔生理学或医学奖。

结核杆菌的发现，不仅为人类攻克结核病提供了科学依据，也为病原微生物学奠定了基础。科赫还是缉拿炭疽杆菌、伤寒杆菌、霍乱弧菌等传染病病原的"猎手"。在他提出的作为判断某种微生物是否为某种疾病病原的"科赫原则"的指导下，19 世纪 70 年代以后的半个世纪成了发现病原菌的黄金时代。1884 年 4 月，科赫被授予德国皇冠勋章。他去世后，人们在纪念碑上刻下这样的诗句：从微观世界中间，涌现出你这颗巨星。你征服了整个地球，世人对你感激不尽。献上花环永不凋零，千秋万代留下英名。

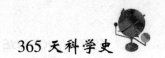

第一个近代悖论发表

　　1897 年 3 月 28 日，布拉里·福蒂在巴洛摩数学会上宣读的一篇文章里提出：所有序数的序列是良序的；它具有的序数应是所有序数的最大者，于是这个序数大于所有的序数。这是第一个发表的近代悖论。它引起了当时数学界的极大关注，并导致了之后许多年的热烈讨论，一系列关于悖论的文章极大地推进了对集合论基础的重新审查。

　　布拉里·福蒂本人认为，这个矛盾证明了"这个序数的自然顺序只是一个偏序"，这与康托尔之前证明的"序数集合是全序"的结果相矛盾。事实上布拉里·福蒂的文章中给出了一个"良序集"的错误概念，而这个概念是康托尔 1883 年引进的，但一直没有受到重视。布拉里·福蒂的文章发表以后，阿达玛在第一次国际数学家大会上仍然给出了一个错误的良序集的定义。布拉里·福蒂很快就认识到阿达玛的错误，并在 1897 年 10 月的一篇文章中予以指出，但是他没有重新检查自己的证明。后来康托尔注意到布拉里·福蒂所提到的矛盾，然而这个矛盾并没有使康托尔放弃集合的良序性，而是放弃了它的集合性。他把集合分为两类：相容集合和不相容集合，而只把前者叫做集合。他的这种区分标准仍然是不精确的。

　　布拉里·福蒂的悖论揭示了康托尔集合论的矛盾。1902 年 6 月 16 日，罗素又提出了集合论的又一个悖论，并以其简单明确震惊了整个数学界，从而引发了数学史上的第三次数学危机。集合论悖论的出现，促进了康托尔朴素集合论的公理化进程，也促使数学家们对数学基础的进一步探讨。

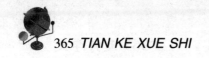

世界上第一颗人造月球卫星发射

1966 年 3 月 31 日前苏联发射的"月球"10 号,是世界上第一颗人造月球卫星。它重 1600 千克,在近月点 350 千米、远月点 1017 千米的环月轨道上运行,长时间对月球和近月空间进行全面的观测考察。

月球是距地球最近的天体,距离地球约为 38.4 万千米。人类选择月球作为地外探测的第一个目标,不仅是因为它距离较近,探测方便,而且更因为探测月球是进一步认识地球形成的一种有效手段。月球形成以来,没有经受过风雨、冰川和自然力的冲蚀和改造,保存了完好的原始状态。直接考察月球,有助于更好地了解地球的组成、结构和起源,它有助于揭示太阳系的起源。

此外,月球上有丰富的物质资源;在月岩中含有地壳里的全部元素,约有 60 种矿藏,其中还含有地球上没有的氦 - 3,这是一种理想的核燃料;月球上没有大气的影响,利用太阳能的效率比地球上高 1.5 倍;而且因为拥有丰富的硅元素,所以可以充分利用太阳能,就地生产水泥、陶瓷和玻璃,在月球上建立起工业生产基地;同时,月球上月震和重力波很小,没有大气影响,也没有人造电波和光源干扰,是进行科学研究和天文观测的理想场所。月球的重力只有地球的 1/6,若有丰富的氧作为航天器的燃料,它就可能成为人类通往太空的桥梁。

"月球"10 号测量了月球周围辐射和微流星环境。后来发射的月球 11 号、12 号、14 号、19 号和 22 号探测器,也都成功地进入绕月球的轨道飞行,对月面进行了电视摄像探测。美国 1966 年 8 月至 1967 年 8 月发射的 5 个"月球轨道环行器",共拍摄了 2800 多幅高清晰度的月球照片,绘制了 98% 的月面图,选择了载人登月 5 个着陆地点。

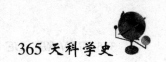

伽莫夫提出宇宙大爆炸学说

1948 年 4 月 1 日，美国《物理评论》杂志发表了伽莫夫的"化学元素的起源"一文。在这篇论文中，伽莫夫提出了宇宙大爆炸学说。按照这一学说，宇宙起源于一个高温、高密度的"原始火球"，有过一段由密到稀、由热到冷的演化史。这个演化过程伴随着宇宙的膨胀，开始时十分迅猛，如同一次规模巨大的爆炸，所以被称为大爆炸宇宙模型。

这一宇宙模型向人们提供了自大爆炸开始后 10^{-6} 秒直到今天的演化全过程。在宇宙的极早期，温度达 100 亿℃以上，密度则几乎为原子核的密度。此时宇宙中只有质子、中子等一些基本粒子。由于整个体系在不断膨胀，温度很快下降，当降至 10 亿℃时，中子失去自由存在的条件，开始与质子结合成重氢、氦或其他轻元素。化学元素从这一时期开始形成，宇宙中 30% 左右的氦丰度就是此时形成的。当温度降至 100 万℃时，宇宙以热辐射为主，物质形态主要是质子、电子、光子和一些比较轻的原子核。当温度降至几千度时，热辐射减退，电子和原子核开始结合成原子，这时宇宙间主要是弥漫的气体。由于引力不稳定，有些地方的弥漫气体凝聚为气体星云，气体星云再进一步收缩成星系和恒星，成为我们今天所观测到的宇宙。

大爆炸宇宙模型得到了众多观测证据的支持：主要有河外星系的红移、3K 微波背景辐射、30% 的氦丰度、天体的年龄等。当然，这一模型还存在不少缺陷。但无论如何，大爆炸宇宙模型还是为大多数宇宙学家所接受了。它的缺陷则成为宇宙学家们进一步深入研究的方向。20 世纪 80 年代出现的"暴胀宇宙论"就是宇宙大爆炸模型的进一步发展。

鲍林创立化学键理论

19世纪末，电子和放射性的发现揭开了科学家研究微观世界的序幕。随着原子结构得到阐明，原子与原子之间如何结合生成各类分子，即化学键的本质问题也逐渐得到理论与实验日益符合的解释。

现代化学键理论是获自分子薛定谔方程近似解的处理方法，也称电子配对法。关于化学键的理论，19世纪就有了原子价的概念。电子发现后，德国的阿培格在1904年提出了"八数规则"。玻尔原子模型建立后，德国化学家柯塞尔和美国化学家路易斯于1916年分别提出了电价键理论和共价键理论。量子力学建立后，1927年，德国的海特勒与美籍德国人伦敦首先用量子力学的近似处理方法研究最简单的氢分子。他们认识到，氢分子中两个原子所以能够相互结合成键，是由于电子密度分布集中在两个原子核之间，形成了一个"电子桥"，并把两个原子吸引在一起而稳定下来，从而形成分子，即电子云分布在原子核之间形成化学键。

在此基础上，1931年4月1日，美国化学家鲍林等，将其成果定性推广到其他分子体系形成了价键理论：原子未化合前，若未成对电子的自旋方向是反平行的，就能两两组队，电子对运动所在的原子轨道就会交盖重叠，从而形成共价键；一个电子与另一个电子配对以后就不能再与第三个电子配对；原子轨道的重叠越多，所形成的共价键就越稳定。

价键理论同人们所熟悉的经典价键理论相一致，比较直观，所以很快得到了普及和发展，并解释了基态分子成键的方向性和饱和性，对现代化学发展做出了重大贡献。但受电子对成键观点的束缚，它把电子的运动只局限于成键的两原子之间，无法解释氧气等分子的结构。

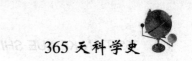

首次利用人造卫星拍摄到地球气象照片

气象卫星是用于气象观测的卫星。它就像一个高悬在太空的自动化"气象站",是空间、遥感、计算机、通信和控制等高技术结合的产物。

卫星可以长期地、大面积地探测和预报全球的大气变化情况,并进行全天时和全天候观测,快速收集和处理数据信息,反馈给地面接收站;还可以不受地理和气象条件的限制,对地面上难以到达的地区进行观测。这些都是地面气象站所无法做到的。

美国"先锋"2号人造卫星是世界上第一颗试验气象卫星。该卫星在发射5颗均失败后,终于在1959年2月17日发射成功。但由于卫星摆动无法控制,所观测的结果极不令人满意。世界上真正的实用性气象卫星,是美国1960年4月1日发射的"泰罗斯"1号。4月2日,科学家第一次看到了整个地球的天气画面,而不是许多孤立观测的零星资料拼凑起来的。这些照片是在724千米高空拍摄的,卫星每次拍摄宽约1000千米的地带,每幅照片所覆盖的面积大约相当于法国领土的两倍。照片显示出美国东北部及加拿大一部分的上空云层,地球的弯曲度亦清晰可见。

截止到目前,全世界共发射了100多颗卫星,已构成一个庞大的全球性气象卫星网和空间信息系统,对全球范围的中、短期天气预报起到了重要作用,使人们能准确获得大气的运动规律,做出精确的气象预报,大大减少了灾害性损失。据不完全统计,如果对自然灾害能有3~5天的预报,就可以减少农业方面的30%~50%的损失,仅农、牧、渔业就可年获益1.7亿美元,每年还能减少其他经济损失约50亿美元。

发现维生素 C

人类曾由于缺乏维生素 C 经受了巨大痛苦。早在古埃及的医学卷宗中就记载了坏血病（维生素 C 严重缺乏症）。患者牙龈损坏、无法进食、双腿肿胀、骨骼变形、皮肤出现血点，严重的甚至死亡。当时，它是常见的灾难性疾病，流行于军队、长期海上航行的船员和冬天的城市居民中。15 和 16 世纪，坏血病曾波及整个欧洲，损伤严重。

人们因而努力探索坏血病的治疗方法。巴赫斯特如姆首次提出坏血病是一种营养缺乏病；林德进行了临床实验研究，发现橘子和柠檬对治疗坏血病有奇特疗效；詹姆斯·柯克发现新鲜水果和蔬菜也有抗坏血病作用。

20 世纪后，科学家在这些抗坏血病物质中提取活性物质，开始了对维生素 C 化学本质的研究。匈牙利化学家圣—捷尔吉在霍普金斯实验室研究氧化—还原系统时，从牛的肾上腺皮质、橘子及甘蓝中分离出一种六碳物质，具有强还原性，他称之为己糖醛酸。1932 年 4 月 3 日，美国匹兹堡大学的查尔斯·G·金（Charles Glen King）从柠檬汁中分离出一种结晶状物质，利用这种结晶物质他对豚鼠进行了坏血病试验。每天给豚鼠喂 0.5 毫克，就能预防坏血病。这一实验标志着维生素 C 的发现，千年来坏血病的祸根就在于缺乏维生素 C。

后来研究不断取得进展。圣—捷尔吉证实，查尔斯·G·金所制结晶与己糖醛酸是同种物质。1933 年英国的哈沃思等在伯明翰大学成功地确定了维生素 C 的结构；瑞士的雷池斯坦又人工合成了维生素 C，使工业上大量生产成为可能，不久它就成为一种便宜的常见药品。维生素 C 的发现使人类远离了坏血病的威胁，生存状况得到很大改善，同时也促进了营养学的发展。

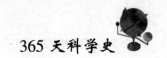

彼利最先到达北极

　　1909 年 4 月 6 日，美国极地探险家彼利成功到达北极。这是人类的脚印第一次留在了冰天雪地的北极点上。

　　极地探险历来是探险家们梦寐以求的目标，而神秘莫测的北极更是众多探险家心目中的天堂。早在 1893 年，挪威著名的探险家南森就乘特制的"前进号"探险船深入北极地区，经过近两年九死一生的艰苦航行，一度到达了距北极点仅有 224 英里的地方。由于气候条件太过严酷，最终还是功亏一篑，这成为南森的终生憾事。

　　人类踏上北极的夙愿是由美国探险家彼利实现的。从 1893 年开始，彼利就曾多次试图到达北极，但都没有成功。极为严酷的自然条件和多次的失败，并没有使彼利畏难却步，反而更坚定了他踏上北极的信心。从前几次的失败中，他积累了丰富的经验，为他以后的成功打下了良好的基础。经过精心准备，彼利于 1909 年 3 月 1 日从爱尔斯米尔岛的哥伦比亚角乘雪橇出发，开始了又一次征服北极的探险行动。这次他有助手亨森同行，还得到了 4 个爱斯基摩人的帮助。在克服了常人难以想象的重重艰难险阻后，终于在 4 月 6 日到达北极。这是人类极地探险活动的一次里程碑式的胜利。

　　由北极回国后，彼利先是在 1910 年出版了《极地》一书，后又于 1917 年出版《极地旅行的秘密》一书。在上述著作中，彼利详细记述了人类第一次踏上北极土地的过程以及北极地区的壮观景象。这为人们进一步了解北极、研究北极提供了重要依据。

巴斯德宣告"自然发生说"终结

　　流行了千百年的"自然发生说"认为生命可以从无生命的物质中自然产生。意大利医生雷迪曾一度动摇了人们对自然发生说的信念，但微生物的发现使微生物可能自然发生的信念又盛行起来。最后，由路易·巴斯德终结了自然发生说。

　　巴斯德出生在法国东部的多尔，微生物学的奠基人。在发酵问题上所进行的工作使他确信，空气是微生物的来源。巴斯德正确地把精力集中于实验之上，认为最重要的是演示空气能够携带微生物。他用棉花过滤空气，吸附了空气中的灰尘颗粒，经酵母浸液漂洗，在其中发现了多种微生物。而在加热煮沸的情况下，却未出现微生物。这一实验并不能彻底驳倒自生论者，他们认为酵母液产生微生物需要的是自然的空气。

　　巴斯德冥思苦想，精心设计出著名的曲颈瓶：把烧瓶放在火焰上拉出弯曲的长颈使空气进入，尘埃、微生物却在长颈弯曲处被拦住，瓶中的培养液不会受到微生物的侵染。如果截断曲颈，或将瓶倾斜使培养液通过弯曲处，培养液很快就会产生微生物。曲颈瓶实验取得成功。1864 年 4 月 7 日，巴斯德在巴黎大学发表题为"自然发生"的演讲，公开表演实验。他高声宣布："受到这样一个简单实验的致命打击之后，自然发生将永远不得翻身。"

　　此外，巴斯德还在晶体结构、发酵本质、传染病因及对多种疾病的预防接种等方面，做出了推动生物化学和医学进展的革命性贡献。他被世人誉为"进入科学王国的最完美无缺的人"。为了表彰他的贡献，法国政府建立了巴斯德研究所。巴斯德以自己的行为和精神，塑造了法国人民心中的一块丰碑，被誉为法国"最伟大的民族英雄"。

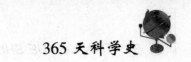

世界第一座无人工厂在日本建成

从大幅度繁重的体力劳动中解脱出来，不用去干那些危险、肮脏和劳累的工作，一直是人类的梦想。20 世纪这一梦想终于实现了。1984 年 4 月 9 日，世界上第一座实验用的"无人工厂"在日本筑波科学城建成，并开始进行试运转。

"无人工厂"里安装有各种能够自动调换的加工工具。从加工部件到装配以致最后一道成品检查，都可在无人的情况下自动完成。试运转证明，以往需要用近百名熟练工人和电子计算机控制的最新机械，花两周时间制造出来的小型齿转机、柴油机等，现在只需要用 4 名工人花一天时间就可制造出来。"无人工厂"的运转成功不仅进一步加快整个制造业的"工厂自动化"进程，而且必将使劳动者的劳动时间、劳动方式和劳动对象发生根本的变化。这个项目是日本政府通产省工业技术院在 20 家企业配合下，从 1977 年起负责筹建的，共耗资 137 亿日元。

除了 1984 年 4 月 9 日在日本筑波科学城建成的第一座"无人工厂"外，目前，在日本已经出现了许多无人工厂。富士山脚下的松林里就有一个无人工厂，在这个工厂里，大量的生产任务都是由机器人来完成的，人只是做一些管理和监测工作。不论白天黑夜，工厂里的生产从不间断，只见机器人们忙个不停，整个工厂里只有 100 个人，但他们却可以完成 1000 个人才能完成的工作。

《禁止生物武器公约》签订

生物武器素有"瘟神"之称，是利用细菌、病毒等致病微生物以及各种毒素和其他生物活性物质来杀伤人、畜和毁坏农作物，以达成战争目的的一类武器。它传染性强，传播途径多，杀伤范围大，作用持续时间长，且难防难治。因此，禁止生物武器在全球的扩散是国际社会面临的重大挑战之一。

《禁止生物武器公约》草案于1971年9月28日由美国、英国、前苏联等12个国家向第26届联大联合提出。经联大通过决议，决定推荐此公约。1972年4月10日分别在华盛顿、伦敦和莫斯科签署。1975年3月26日公约生效。各国在自愿的基础上遵守该公约。

《禁止生物武器公约》全称《禁止细菌（生物）及毒素武器的发展、生产及储存以及销毁这类武器的公约》。公约共15条，主要内容是：缔约国在任何情况下不发展、不生产、不储存、不取得除和平用途外的微生物制剂、毒素及其武器；也不协助、鼓励或引导他国取得这类制剂、毒素及其武器；缔约国在公约生效后9个月内销毁一切这类制剂、毒素及其武器；缔约国可向联合国安理会控诉其他国家违反该公约的行为。

1984年9月20日，中国决定加入此公约。1984年11月15日，中国分别向英、美、苏政府交存加入书，公约同日对中国生效。至2001年7月，共有162个国家签署了该公约，144个国家批准了公约。公约签字国于1980年、1986年、1991年、1996年和2001年对公约举行过5次审议会议，以保障公约的执行和监督。

人类首次进入太空

1961 年 4 月 12 日，前苏联宇航员尤里·加加林乘坐"东方—1"飞船进入了人造地球卫星轨道，成为人类进入太空第一人，同时标志着人类宇航时代开始了。

加加林在 330 千米的高空以 27200 千米/小时的速度环绕地球飞行一周，历时 108 分钟，最后按计划安全返回地面。这次飞行虽然短暂，但它打开了人类通向宇宙的道路，加加林因此成了世界上第一位航天英雄。为了纪念这个划时代的成就，"4 月 12 日"成了"航空航天国际纪念日"。

人类为打开通天之门，做了极为艰苦的努力并付出了巨大的代价。1960 年 10 月 24 日，在发射场准备发射新式火箭时发生了爆炸，导致包括战略火箭总司令涅林元帅在内的数人丧命。

在加加林上天之前，共进行了 7 次不载人飞船发射，还用各种生物进行了 31 次火箭载生物飞行，用卫星进行了 7 次带有动物及生物培养的太空飞行。直到确认载人飞行万无一失才将千里挑一选出的宇航员加加林送上太空。即使是这样，在短暂的飞行过程中仍然是危险重重。加加林在飞行中"感到很难受，但可以忍耐"；飞船返回时座舱与仪器舱由于出现故障而没有及时分离，险些酿成大祸；尤其最后的弹射跳伞对于加加林而言更是一次生与死的意志和勇敢精神的严峻考验。总之，无论从哪一方面看，加加林的太空飞行都是一次极大的冒险。

加加林在 1968 年的一次航天训练飞行中，因飞机坠毁而不幸遇难。但他的名字永远记录在人类的航天史册上，他的光辉业绩和开拓精神，将永远成为鼓舞人们进行太空探索的不竭动力。

美国发射世界上第一颗导航卫星"子午仪"

导航卫星是指通过星上发射无线电信号,为地面、海洋、空中和空间用户提供导航定位服务的人造地球卫星。利用卫星来导航或定位,可克服传统的天文导航对气象条件的依赖和无线电导航在中远距离误差较大的缺点,具有全球覆盖、全天时、全天候、高精度的特点。

导航卫星系统由导航卫星、地面台站和用户定位设备三部分组成。导航卫星是卫星导航系统的空间部分。地面台站通常包括跟踪站、遥测站、计算中心、注入站和实时系统等部分,用于跟踪、测量、计算及预报卫星轨道并对星上设备的工作进行控制管理。用户定位设备包括接收机、定时器、数据预处理机、计算机和显示器等。它接收卫星发来的微弱信号,从中解调并译出卫星轨道参数和定时信息,同时测出导航参数(距离、距离差和距离变化率等),再由计算机算出用户的位置坐标和速度矢量分量。

1960 年 4 月 13 日美国发射了世界上第一颗导航卫星"子午仪",1964 年 7 月组成导航卫星网正式投入使用。"子午仪"是美国的第一代导航卫星系统,由 6 颗卫星组成星座,具有全天候、全球导航和利用单颗卫星定位的优点,能进行二维定位,定位精度为 20 ~ 400 米。20 世纪 70 年代初美国开始研制第二代导航卫星系统"导航星"全球定位系统。1994 年 3 月全面建成了由 24 颗卫星(其中 21 颗工作星,3 颗备用星)组成的星座系统,可为用户提供全天候、连续、实时、高精度的三维位置、三维速度和精确时间,军用精密 P 码定位精度可达 15 米,民用粗测 C/A 码的定位精度约 100 米,测速精度 0.1 米/秒,授时精度 100 纳秒。1997 年美国发射新一代 GPS 卫星 GPS Block - 2R 代替 GPS Block - 2 后,P 码定位精度提高到 6 米。

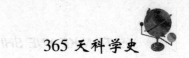

美国研制出太阳能飞机

　　世界上第一架以太阳能为动力的飞机，是由第一架人力飞机的设计者美国麦克里迪设计的，并由美国国家航空航天局和杜邦公司制造。它基本上是在人力飞机的基础上改造而来的，叫"蝉翼企鹅"号。在它的翅膀上装的是太阳能电池。电池发出电，供给电动机，电动机带动螺旋桨，使飞机得以飞行。1980 年 8 月，这架飞机由一个瘦小的女驾驶员布朗操纵，在 14 分 32 秒钟内，飞行了 3.2 千米。整架飞机 22.7 千克，驾驶员体重为 45 千克。

　　1980 年 12 月，美国又专门设计了一种太阳能飞机"太阳挑战者"号。它的机翼和尾翼上都装有太阳能电池，总计达 1.6 万多片。它的重量为 90 千克。可在 4360 米高空，于 8 小时内飞行 370 千米。1981 年 7 月 7 日，这架飞机由美国人普达塞克驾驶，从巴黎起飞，以每小时 40 英里的速度，飞行了 5 小时 19 分钟，飞越英吉利海峡，成功地降落到英国东南部的拉姆斯盖特。

　　太阳能飞机不仅在能源危机的情况下，开辟了新的、取之不尽的能源，而且它没有废气、废油，不会造成环境污染；它没有发动机的轰鸣，不会有噪声污染；它还有飞行平稳、舒适的优点，是一种十分有前途的新机种。但是它也有许多缺点：太阳能电池目前还十分昂贵，飞机成本高（据估计，一架单座太阳能飞机，仅太阳能电池费用就达数千美元）；太阳能电池的效率还是太低，产生的电能有限，而且在夜晚和天阴时就没法工作。所以，太阳能飞机要进入实用阶段，还得解决许多难题。目前，科学家已在研究一种新型的太阳能电池。也许不久的将来，太阳能飞机会有更大的功率，载重更多，飞得更快、更高、更远。

拉瓦锡等人联合出版《化学命名法》

化学术语是与基本的理论体系相适应的。在燃素说的理论框架下，普列斯特里把他发现的氧气命名为"脱燃素空气"；而拉瓦锡则基于氧化学说把氧气命名为"酸素"（Oxygen）。拉瓦锡提出了反燃素说的新理论就必然要建立与它相适应的新术语。

在此之前，化学界的命名一直沿用与实际物质成分并不相关的炼金术的符号，这给学习和理解化学带来很大不便。为使化学变得更加条理、系统，也为加快氧化学说的传播，拉瓦锡感到亟待建立新的命名法。另外德莫沃（Guyton de Moreau）、贝托雷（Claude Louis Berthollet）、孚克劳（A. F. de Foureroy）三人也认识到了此问题的紧迫性，于是四人合作为创立新概念而努力。

1787 年他们合作的成果《化学命名法》出版。它由几篇论文组成，其中

重要的一篇是拉瓦锡于 1787 年 4 月 18 日在科学院宣读的《关于建立新的化学命名法的必要性》。此书有长达 94 页的命名法规则，主要内容包括：每一物质都有固定的名称，一律采用化学符号来表示；单质的名称要尽可能地表示出其特征；化合物的名称根据它所含的单质表示；酸类、碱类用它们所含单质表示；盐类用构成它们的酸、碱来表示。使用

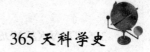

了新命名法的术语变得清晰易懂，例如，过去被称为金属灰的物质被命名为金属化合物，过去被称为矾油或矾酸的物质被命名为硫黄酸（硫酸），可以看到这些命名法我们今天仍在沿用。

是否具有统一、严格的术语体系对学科的发展至关重要。新术语体系简明而准确，很快得到普及，大大地推进了化学的发展进程。伴随着新术语的传播，拉瓦锡的理论在世界上广泛流传，终于彻底打倒了燃素说，确立了其统治地位。可见，建立新的命名法是拉瓦锡实现化学革命必不可少的重要环节。

我国古代伟大的数学家祖冲之诞生

公元 429 年 4 月 20 日，我国古代伟大的数学家祖冲之诞生。

祖冲之出生于一个官宦世家，这个家族的历代成员大都对天文历法有所研究。由于家庭传统的影响，祖冲之从青年时代起，便对天文学和数学产生了浓厚的兴趣。在一生的学术研究中，祖冲之始终坚持实事求是、敢于怀疑、勇于创新的治学态度，这正是杰出数学家应具有的一种优秀品质。

由于祖冲之所撰写的《缀术》早已失传，他在数学方面的成就只能从其他史料中去考察。据后人征引的资料，祖冲之在圆周率、球体体积等方面都有重大贡献，其中最突出的贡献就是圆周率的计算。

《隋书·律历志》中记载着祖冲之的研究成果："古之九数，圆周率三，圆径率一，其术疏舛。自刘歆、张衡、刘徽、王蕃、皮延宗之徒各设新率，未臻折中。宋末，南徐州从事史祖冲之更开密法，以圆径一亿为一丈，圆周盈数三丈一尺四寸一分五厘九毫二秒六忽，正数在盈朒二限之间。密率：圆径一百一十三，圆周三百五十五。约率：圆径七，周二十二。"

这段文字包含了三个结果：$3.1415926 < \pi < 3.1415927$；密率：$\pi = 355/113$；约率：$\pi = 22/7$。

在西方，直到 1573 年，德国人奥托（Valentinus Oito）才算得 355/113 这一数值，比祖冲之晚了 1100 多年的时间，这足以说明祖冲之对圆周率的计算在世界数学发展史上的地位。

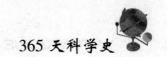

拉马克宣读有关进化论的重要论文

达尔文以自然选择为基础的进化学说成为生物学史上的一个转折点，并被恩格斯称为 19 世纪的三大发现之一。其实早在达尔文诞生之前就有人在《动物哲学》里提出了生物进化学说，为达尔文进化论的产生提供了可贵的理论基础，此人即是拉马克。

拉马克，法国博物学家，生物学伟大的奠基人之一，进化论的倡导者和先驱。1784 年 4 月 22 日，拉马克向法国博士会宣读了题为《重要物理事实原因的研究》的论文。文中大胆指出，在自然界中，除生物体本身外，没有别的什么东西能给它们以生命。这无异于公开向有神论提出了挑战。1809 年，拉马克进一步在《动物的哲学》中系统阐述了他的进化学说（被后人称为"拉马克学说"），提出了两个法则：一个是用进废退；一个是获得性遗传。他主张生物具有变异的特性，生物是进化的，环境变化是物种变化的原因；有的由于使用而发达，不用则退化，这样变化了的性状（获得性）能够遗传下去。生物的进化具有一定的方向性，是从低级到高级，从简单到复杂，从非生物到生物。

但是，拉马克又认为生物的特性是造物主所赋予的，他给自然安排了一般程序；另外他的学说过分强调动物主观愿望的作用。达尔文的自然选择说指出，自然选择有保护和积累有利变异的作用；有指导生物按照生物与环境相适应的方向发展的作用。这一理论比较圆满地解释了生物界的多样性和适应性，适者生存，劣者淘汰。拉马克学说与达尔文学说既有联系又有区别。达尔文以自然选择为中心理论的进化学说还是公认的科学真理。虽然拉马克的学说在很多方面有缺陷，但他的先驱作用是不可抹杀的。

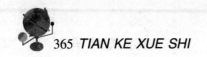

世界 "地球日"

1970 年 4 月 22 日，美国哈佛大学法学院一位年仅 25 岁的学生丹尼斯·海斯，组织并发起了美国历史上首次声势浩大的 "地球日" 活动。这一天，美国有 20000 多人参加了游行和集会。它涉及 1000 多所中学、2000 多所高等院校，还涉及机关、工厂和乡村，并得到美国政府的许可和支持。在这一活动的推动下，美国政府于 70 年代初通过了污染控制和清洁大气法的修正案，并成立了美国环保局。从此，美国民间组织提议把 4 月 22 日定为 "地球日"。

海斯虽然学的是法律，但他一直对环保问题情有独钟。他多次到全国各大学校园举行环保问题的讲演会。后来，他干脆停止了学业，专心致力于环保事业。他曾先后到史密森尼恩研究所和伊利州政府任职，研究制定有关能源方面的政策。他提出了节约能源和利用太阳能等再生能源解决问题的主张，并写出一本有关太阳能的书——《希望之光》。海斯后来虽辗转东西，但从未放弃自己的环保事业。经他和其朋友们多方游说和建议，终于在 1990 年，由世界知名人士、环侵专家和一些组织组成的 "地球日" 协调委员会向全世界发出倡议，将 1990 年 4 月 22 日定为第一个国际性的地球日，并发动了一场全球范围内的纪念活动。

1970 年 4 月 22 日发动的 "地球日" 活动，是人类有史以来第一次规模宏大的群众性环境保护活动。它对于保护地球环境、制止生态恶化起了极大的促进作用。现在，每年的 4 月 22 日已成为世界人民的共同节日。"地球日"时刻警醒着世人：地球的环境问题是关乎整个人类生存发展的大问题，若任由环境污染和生态破坏持续下去，地球人是没有出路的。

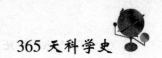

中国第一颗人造卫星上天

1970 年 4 月 24 日，随着《东方红》的旋律通过广播电台在神州大地回荡，我国自行研制的"东方红一号"人造地球卫星发射成功。中国成为世界上继前苏联、美国、法国、日本之后第五个能够独立发射卫星的国家。

"东方红一号"人造地球卫星是用我国自己研制的"长征一号"运载火箭在酒泉卫星发射场发射的。21 时 35 分，"东方红一号"随"长征一号"运载火箭在发动机的轰鸣中离开了发射台。21 时 48 分，星箭分离，卫星入轨。21 时 50 分，国家广播事业局报告，收到中国第一颗卫星播送的"东方红"乐音，声音清晰洪亮。

这颗卫星是一个直径约 1 米的近似球形的多面体，重 173 千克，比前苏联及美、法、日的第一颗人造卫星的重量之和还重。轨道的近地点为 439 千米，远地点为 2388 千米，轨道平面和地球赤道平面的夹角为 68.5°，绕地球一周时间为 114 分钟。把这颗卫星送上太空的"长征一号"运载火箭是一种三级固体混合型火箭，分别采用液体和固体火箭发动机，全长约 30 米，起飞重量 81.6 吨。

"东方红一号"的发射成功，显示了我国科技工作者不畏艰难和压力，勇于自力更生，发奋进取的拼搏精神；为我国航天技术的发展，并与世界航天技术前沿保持同步，打下了极为坚实的根基；也带动了我国航天工业的兴起。

"东方红一号"卫星升空后，星上各种仪器实际工作的时间远远超过了设计要求。"东方红"乐音装置和短波发射机连续工作了 28 天，取得了大量工程遥测参数，为后来卫星设计和研制工作提供了宝贵的依据和经验。

哈勃空间望远镜登上太空

　　1990 年 4 月 25 日清晨，美国佛罗里达州卡纳维拉尔角肯尼迪航天中心，数百名天文学家和技术专家翘首注目。远处巨大的发射平台上，"发现号"航天飞机如同展翼欲升的鲲鹏，正巍然屹立在发射塔边。航天飞机此次飞行肩负的重要使命，就是把耗资巨大、深受世人瞩目的哈勃空间望远镜（HST）送入太空。美国东部时间上午 8 时 34 分，随着指令的发出，航天飞机喷云吐焰，在轰鸣声中直上蓝天，标志着人类探索宇宙的历程揭开了新的一页。

　　哈勃空间望远镜以当代美国天文学家哈勃的名字命名，是由美国国家航空航天局主持建造的四座巨型空间天文台项目中的第一台，也是迄今为止天文观测项目中投资最多、最受关注的项目之一。

　　天文学的研究以观测为基础。就天文学上许多悬而未决的"宇宙之谜"来说，高分辨率的观测正是破解谜底的关键。这也是人类不惜工本进行空间天文观测的主要原因。

　　有关空间望远镜的构想，早在 20 世纪 40 年代就已显露雏形，而具体的设计和建造则完成于 70~80 年代。哈勃空间望远镜的外观像一个 5 层楼高的圆筒，主体长 13.2 米，最大直径 4.3 米（其中光学主镜口径为 2.4 米），两块长达 12 米左右的太阳能电池翼板伸展在镜筒两侧，总重量达 11.5 吨。这是一座高度自动化的空间天文台，它的主要性能要比通常的地面光学望远镜优越一个量级以上。哈勃空间望远镜从 1979 年蓝图设计到 1990 年投入观测，历时 10 余年，耗资 15 亿美元。若按重量计算，平均每克造价接近 130 美元，远比纯金更贵。天文学家期望着凭借哈勃望远镜那锐利无比的"神眼"，去洞察宇宙深层的奥秘，开辟天文观测的黄金时代。

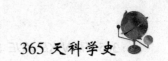

沃森和克里克阐明 DNA 的立体结构

　　沃森和克里克阐明了 DNA 的立体结构，这被称为 20 世纪生物学上最伟大的成就之一，其程度可媲美于前一世纪的达尔文和孟德尔的成就。

　　20 世纪 50 年代初，赫尔希和蔡斯进行的实验为 DNA 是遗传物质提供了令人信服的证据。由于 DNA 的结构仍是一个谜，因此，对基因的化学本质与基因作为遗传信息的运载体之间的关系尚不能做出明确的解释。沃森与克里克描述的 DNA 结构的模型立即暗示出了关于核酸生物学活性的解释。

　　克里克怀疑脱氧核糖核酸（DNA）在遗传信息的存储中也起着重要作用。沃森也有同样的怀疑态度。1951 年，沃森与克里克相遇。此时世界各地的科学家都试图揭开脱氧核糖核酸结构之谜。科学家们为第一个描述出脱氧核糖核酸结构而进行的竞争十分激烈。1951～1953 年，两人共同讨论脱氧核糖核酸。他们一起学习 X 射线晶体技术，评估 DNA 的结构限制条件。

　　1953 年 4 月 25 日，克里克和沃森在《自然》杂志上公布了他们的发现。根据 X 射线衍射数据，首先提出脱氧核糖核酸（DNA）的双螺旋结构模型。它所描述的遗传物质 DNA 的分子结构，是以双螺旋状存在的。按此模型，DNA 分子是由两条多核苷酸链构成的，它们走向相反，都是右手螺旋，平行地环绕—共同的轴而形成双螺旋。1962 年，克里克、沃森和威尔金斯由于"发现关于核酸结构和它在生命物质的信息传递中的重大意义"，共同获得了诺贝尔生理学或医学奖，最终赢得了这场揭开脱氧核糖核酸结构之谜的竞赛。

　　由于所有生命的生物都具有脱氧核糖核酸，所以他们研究出来的这一信息，揭开了地球上所有生物的遗传奥秘，并为脱氧核糖核酸管理重组技术的革命铺平了道路。

切尔诺贝利核电站爆炸

1986 年 4 月 26 日凌晨 1 时许，随着一声突然的震天动地的巨响，火光四起，烈焰冲天，火柱高达 30 多米。位于前苏联乌克兰地区基辅以北 130 千米的普里皮亚特市的核电站发生猛烈爆炸，爆炸源是 4 号反应堆。厂房屋顶被炸飞，墙壁坍塌，大量的碘和铯等放射性物质外泄，使周围环境的放射剂量高达 200 伦琴/小时，为允许指标的 2 万倍，1700 多吨石墨成了熊熊大火的燃料，火灾现场温度高达 2000℃以上。爆炸致使 299 人受到大剂量辐射，19 人死亡，179 人送医院治疗。这就是震惊世界的切尔诺贝利核电站爆炸事故。

切尔诺贝利核电站爆炸事故，是自 1945 年日本遭受美国原子弹袭击以来全世界最严重的核灾难，也是人类和平利用核能史上一场悲剧。核事故不仅造成了巨大的经济损失，而且核污染给人类留下了无法弥补的后遗症。3 年后，正如科学家们所预言的那样，核电站 50 千米范围内的癌症患者、儿童甲状腺患者及畸形家畜和植物（如体格硕大的老鼠、苞蕾异常肥大的花菜）等急剧增加。

17 年过去了，切尔诺贝利核事故造成的生态灾难后果远未消失。据乌克兰卫生部 2003 年 7 月 23 日公布的数据，在乌全国 4800 万人口中，目前共有包括 47.34 万儿童在内的 250 万核辐射受害者处于医疗监督之下；核辐射导致甲状腺癌的发病率增加了 10 倍多。更令人担忧的是，核辐射受害者中残疾病例上升：1991 年至今，核事故导致残疾的人数增加了 1.6 倍，达 10 万人。而核事故发生时 1 岁至 18 岁的受害者健康问题最为突出，这一群体甲状腺癌的发病率比核事故前高 10~60 倍。

核事故是科学负面作用的典型表现。它警示人们：对科学应用的社会控制比什么都重要。

发现顶夸克

粒子物理的标准模型认为，构成物质的最小单元是轻子和夸克。轻子和夸克各有 6 种。轻子有电子、电子中微子、μ 子、μ 中微子、τ 子和 τ 中微子；夸克有上夸克、下夸克、粲夸克、奇夸克、项夸克和底夸克。

继 1974 年发现 J/ψ 及 1977 年证实 C（粲）夸克（第四种）和 b（底）夸克（第五种）的存在后，各国高能物理学家都在努力寻找第六种 t（项）夸克。经过十多年的实验工作，终于在 1994 年 4 月 26 日，美国费米国家实验室召开记者招待会，由费米实验室所长 John People 和 CDF（Collider Detector Facility）合作组的发言人宣布了发现顶夸克的证据。由于事例较少，工作在同一对撞机上另外一个实验组 D0 组称：只找到一些有趣的事例，但与本底数目可比拟，因此尚不能确认顶夸克的存在。因此，国际高能物理界只能等待费米实验室的进一步结果。

经过十多个月的实验工作，终于在 1995 年 3 月 2 日，美国国家费米实验室召开学术报告会，正式宣布顶夸克已被发现。这一次，CDF 组和 D0 组分别报告了他们的实验结果。CDF 测得顶夸克质量为：$176 \pm 8 \pm 10 GeV/c^2$，顶夸克对产生的截面为 $6.8^{+3.6}_{-2.2}$；Pb；D0 组测得顶夸克质量为：$199^{+19}_{-21} \pm 22 GeV/c^2$，顶夸克对产生的截面为 $6.2 \pm 2.2 Pb$。这些新的数据是在 1994 年以后，费米实验室继续在对撞模式下运行，提高了对撞机的亮度后得出来的。这些数据的积分亮度约为一年前宣布实验结果的 4 倍。

顶夸克的发现标志着组成物质的 6 种夸克在实验上都得到了证实。

汤姆逊发现电子

1876 年科学界把普吕克发现的射线确认为"阴极射线"后，便出现了关于"阴极射线"本质的争论。有的认为是气体分子在阴极上得到电荷后形成的负离子；有的认为是和光线一样没有重量、非实物粒子的电磁辐射。英国剑桥大学物理学教授 J·J·汤姆逊在反复分析了关于阴极射线的大量实验事实后，提出一个大胆的假说：阴极射线是一种特殊粒子的高速运动形成的，这种粒子比原子轻得多而且带有电荷。

1897 年，汤姆逊在阴极射线流经方向相垂直的位置上，施加了比以往强大得多的电场，预料中的偏转现象明显地显现出来，偏转方式与带负电粒子相同。这就证明了阴极射线确实是一种带负电的微粒。进一步测定这种粒子的荷质比知道：它的荷质比是这种带电粒子的固有属性，而与实验条件无关。由此可见，这种负电粒子存在于任何元素之中，是一切物质组成中所共有的粒子。后来汤姆逊将电子的荷质比与电解时测得的氢离子的荷质比相比较，发现电子的质量极轻，还不到离子质量的千分之一。

汤姆逊在向英国皇家学会报告了自己的工作后，1897 年 4 月 30 日发表《论阴极射线》一文，宣告了电子的发现。由于他的重大贡献，1906 年初被授予诺贝尔物理学奖。电子的发现不仅使电学的研究深入了一个层次，而且打破了以往认为原子不可分的传统观念，为物质结构的研究深入一个层次开辟了道路。

电化学诞生

电化学是电学与化学结合的产物，依赖于化学一定程度的发展和电流的发现。伽法尼在蛙腿实验中发现电流后，人们开始了对电的研究。物理学家伏打发明了伏打电堆，提出了接触电（金属电）的概念，认为金属都含"电流体"，但张力不同，电流体从张力高的金属流向张力低的金属，就产生了电流，电池装置中的电解质只起导电作用。

《自然哲学、化学和工艺》杂志的主编英国人尼科尔逊（W. Nichoison）看到了伏打的来信，深受启发，立即和卡利斯尔（A. Carlse）运用伏打电堆研究水的分解反应。1800 年 5 月 2 日，他们用导线连接作为电池的两极的媒介物，将导线浸在水中，不久在导线上析出了氧和氢。电解水产生氢和氧，与以化学方法分解水的产物相同，于是他们断定电池中发生了化学反应。从此，科学家开始利用电流研究化学，一门新学科——电化学产生了。

英国的戴维用电解法分离出钾、钠等单质，并对电解过程进行定量研究，发现电池的电动势与电解析出物质量成正比。法拉第发现了电解定律，提供了电量与化学反应量间的定量关系。他说"化学作用就是电，电就是化学作用"。尽管如此，当时人们对电与化学关系的本质并不了解，不明白是化学作用产生了电流。戴维、贝采里乌斯等仍沿用伏打的接触说，认为是金属产生了电流。

随着弱、强电解质电离理论的产生和电子的发现，电与化学之间的关系日益明确，人们认识到电池阴极上的金属失去电子变成正离子进入溶液，而阳极上的金属得到电子，从而使化学能转化为电能。

对电学与化学关系的正确理解促进了电化学的进一步发展，也再次证明了能量守恒与转化定律的正确性。

劳厄证实了 X 射线的波动牲

　　劳厄（Max Von Laue，1879～1960）是德国著名的物理学家，晶体 X 射线衍射现象的发现者。

　　发现晶体 X 射线衍射现象的直接起因与慕尼黑大学理论物理教授索末菲的研究生厄瓦耳（Paul Peter Ewald）密切相关。1912 年初，厄瓦耳撰写《各向同性共振子的各向异性排列对光学性质的影响》的博士论文，对晶体的双折射现象进行微观解释。一次他向劳厄请教时，劳厄从厄瓦耳的估算得知偶极子的间隔为 10^{-8} 厘米，他立刻意识到这与 X 射线的波长在同一数量级，可以把晶体的点阵当作一个三维光栅。随后，劳厄在索末菲的助教弗里德里克（W. Friedrich）和博士学位候选人尼普平（P. Knipping）的协助下，于 4 月 12 日开始进行实验，从而得到了第一张劳厄图像。1912 年 5 月 4 日，劳厄、弗里德里克和尼普平在给巴伐利亚科学院的一封信中宣布他们的工作取得了成功。一个月后的 6 月 8 日，劳厄在《X 射线的干涉现象》一文的理论部分对 X 射线晶体衍射现象给出了第一个理论解释。

　　劳厄以晶体作为现成的衍射光栅代替了原来的人造光栅，并且充分利用晶体中原子间距在数量级上与 X 射线的波长一致的特性，成功确定了 X 射线在晶体上的衍射现象，这不仅证实了 X 射线的波动性，而且为精确测定 X 射线的波长提供了方法。

　　爱因斯坦曾高度评价这一发现为"物理学中最优秀的发现"。劳厄因"发现 X 射线通过晶体的衍射"荣获 1914 年度诺贝尔物理学奖。

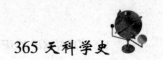

射电天文学诞生

1933 年 5 月 5 日，几家美国报纸头条新闻刊登了贝尔实验室的卡尔·央斯基用一台灵敏度很高的接收机意外发现了来自银河中心稳定的电磁辐射，从此以光学波段为主要观测手段的天文学揭开了新的一页——射电天文学诞生了。

射电天文学是利用射电望远镜接收到的宇宙天体发出的无线电信号，研究天体的物理、化学性质的一门学科。与以接收可见光进行工作的光学望远镜不同，射电望远镜是靠接收天体发出的无线电波（天文学上称为"射电辐射"）来工作的。由于无线电波可穿透宇宙中大量存在而光波又无法通过的星际尘埃介质，因而射电望远镜可以透过星际尘埃观测更遥远的未知宇宙并对我们已知的星际世界做更深入的了解。同时，由于无线电波不太受光照和气候的影响，射电望远镜几乎可以全天候、不间断地工作。从央斯基的发现至今的 60 多年来，射电天文学揭示了许多奇妙的天文现象，并取得了令人瞩目的成就。近代天文学的四大发现——类星体、脉冲星、星际分子和宇宙微波背景辐射无一不植根于射电天文学。在获物理诺贝尔奖的项目中，有 7 项涉及天文学，其中就有 5 项是直接或主要通过射电天文学手段取得的。这些反映了这一新兴学科的强大生命力，射电天文学已成为诺贝尔奖的摇篮。

为了纪念央斯基开创了用射电波研究天体的不朽功绩，目前国际天文学联合会已经采用"央斯基"作为天体射电流量密度的单位。

傅科测定光速

法国物理学家傅科在物理学史上以其"傅科摆"的实验著称于世。

1850 年，傅科设计了一面旋转的镜子，让镜子用一定的速度转动，使它在光线发出并且从一面静止的镜子反射回来的这段时间里，刚好旋转一圈。这样，能够准确地测得光线来回所用的时间，就可以算出光的速度。经过多次实验，傅科测得的光速平均值等于 2.98×10^8 米/秒。值得一提的是，傅科还在整个装置充入了水，测定了光在水中的速度。他发现光在水中的速度与空气中的速度之比近似等于 3/4，正好等于水和空气的折射率之比。水中的光速慢于真空中的光速，这一结果与微粒理论的预言相悖。1850 年 5 月 6 日，傅科向科学院报告了自己的实验结果，证明了波动说的观点是正确的。然而具有戏剧性的事实是，此时大多数物理学家早已接受了光的波动说，所以这个实验结果对微粒理论来说只是一个迟到的"嗑电"。

近代实验室测量光速的方法，如微波干涉法、光谱法、声调制法、激光测速法，精度更高。除菲佐和傅科实验数值以外，在他们以后的科学家测定的光速值与电磁理论中的计算值非常接近，既说明这个实验室所测的数值是正确的，同时也给麦克斯韦的光和电磁理论提供了有力的证据。

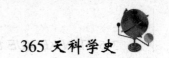

提出苯的经典价键结构

1865 年 5 月 11 日，德国化学家凯库勒（1829～1896）在书房中的炉旁打瞌睡。一副画面在沉睡中的大化学家面前"嘲弄般地旋转不已"——"碳原子的长链像蛇一样盘绕卷曲，忽见一个抓住自己的尾巴。"这位先立志建筑后师从李比希改学化学的化学家、教育家正在集中精力探讨苯的化学结构。经此梦的启发，他成功地用碳、氢原子的组合建构成了苯分子。

有机化合物的两大系统是芳香族化合物以及与其相对应的脂肪族化合物。前者比后者的组成复杂得多，所以当脂肪族各类化合物已为新的结构理论光辉所普照时，芳香族化合物却依然陷于黑暗之中。化学家们在确定化学式为 C_6H_6 的苯的分子式时陷入了困境，他们无法解释氢炭比例很小的苯却不表现出典型不饱和化合物品性的现象。在这个时刻，凯库勒提供了急需的指明路灯。

凯库勒猜想苯分子中含有一个结合牢固、安排紧凑的六碳原子核。于是，他开始了苯分子结构的探索。1865 年，他终于悟出了闭合链的形式是解决苯结构的关键，于是明确提出一个由六个碳原子以单、双键相交替结合而构成的环状链，该链为平面结构。凯库勒指出各种芳香族化合物是由其他各种元素的原子团取代结合在环上的氢原子形成的。

苯的环状结构学说是经典结构理论的最高成就。1890 年 5 月 11 日，在苯的结构学说问世 25 周年纪念日，伦敦化学学会指出："苯作为一个封闭链式结构的巧妙概念，对于化学理论发展的影响，对于研究这一类及其相似化合物的衍生物中的异构现象的内在问题所给予的动力，以及对于像煤焦油染料这样大规模工业的前导，都已举世公认。"

琴纳首次接种牛痘成功

天花是一种由天花病毒引起的烈性传染病，它是人类历史上危害最严重的疾病。18世纪的欧洲，天花蔓延，难以遏制，当时的人痘接种也不安全，因此，寻求一种更好的预防方法迫在眉睫。这引起了一个英国乡村医生的思考，他的名字叫爱德华·琴纳。

琴纳偶然发现，挤奶女工在天花猖獗期间往往安然无恙，而她们中多数人都长过痘疮，这是她们在牛长牛痘时挤奶感染到手上的。于是，他开始研究用牛痘来预防天花，设想给人接种牛痘的可能。

1796年5月14日，琴纳怀着激动的心情将挤奶姑娘尼尔姆斯手臂上感染14天的牛痘浆液挤出，小心地将它"种"在8岁健康男孩詹姆斯·菲浦斯臂上划出的两道约2厘米长的浅痕上。第4天起，浅痕上出现丘疹、水疱、脓疱、结痂和脱痂等一系列初发反应，历时半个月，牛痘接种成功。

接种了牛痘的人是否就肯定不患天花呢？更为严峻的考验摆在琴纳面前。经过周密准备，7月，琴纳在这个男孩手臂上再接种天花，半个月后，小男孩安然无恙。试验证明：这个男孩已具有抵抗天花的免疫力，琴纳的设想得到证实。至此，人类历史上首次接种牛痘预防天花的试验成功了，人类从此获得了抵御天花的有效武器。

尽管牛痘接种试验招致同行和教会的合力攻击，但琴纳坚信真理，严谨而无畏地向传统和权威挑战。1798年，人类征服天花的宣言书——《牛痘原因及结果的研究》公之于世，1799年琴纳又陆续发表了五篇相关文章。1801年，接种技术在欧洲推广开来，天花发病和死亡人数大大下降，给人类带来无穷恩泽。1980年，联合国在内罗毕庄严宣告："天花已经在世界上绝迹。"至此，天花被人类彻底征服。

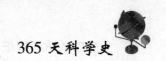

《物理评论》发表 EPR 论文

1935 年 5 月 15 日，爱因斯坦和他的学生波多尔斯基（B. Podolsky）和罗森（N. Rosern）三人（合称 EPR）在《物理评论》（Phystcal ReView）上发表了《量子力学对物理世界的描述是完备的吗?》一文，提出 EPR 悖论，揭开了量子力学困难的深层本质。

爱因斯坦等人在该文中的基本立场，是"定域实在论"。换言之，事物间不存在超距作用。这一假设后来被称为爱因斯坦定域性原理（Locality principle），它是 19 世纪以前一切经典科学的基础，也是相对论的基础。假设沿不同方向发射两个粒子，那么无论它们相隔多远，一旦测出其中一个，另外一个粒子的状态也就立刻确定下来了。换句话说，我们经过一次测量得知了电子的位置和动量，而量子理论说这是不可能的。这个理想实验将量子力学的结论与相对论的光速不变原理对立起来，EPR 佯谬似乎是一个判决实验。爱因斯坦及其同事由此证明：量子理论是不完备的。尽管量子力学已经广泛为人们所接受，但爱因斯坦关于其完备性的质疑对量子力学后来的发展产生了巨大影响，深化了量子力学对基本问题的探讨。

广义相对论在大尺度空间、量子理论在微观世界中各自取得了辉煌的成功。很多科学家希望能将这两者结合起来，但时到今天谋求统一的努力一一失败。以爱因斯坦和玻尔为代表的两方论战也成为科学史上持续最久、斗争最激烈、最富有哲学意义的论战之一。现在我们还不能作出谁是谁非的结论，我们只能说，争论的双方都既有正确的一面，也有不足或错误的一面。但爱因斯坦划时代的贡献是不可磨灭的，这已为科学界所公认。

探测器首次到达金星附近

1969 年 5 月 16 日，前苏联发射的"金星"5 号探测器，首次到达金星附近，并向地球发回有关金星大气层的数据。

金星是离地球最近的行星，其半径、质量、密度等与地球接近，是地球的姐妹行星，所以人们对它的兴趣很大。由于距离地球最近，金星探测器只要携带小体积的低功率无线电收发机，就可与地球联系并发回探测资料。同时，探测器飞向金星时与太阳的距离逐渐接近，故可以充分利用太阳能做能源。

然而，金星探测器不是随时都可以发射的，必须当金星与地球处在太阳同一侧时才能发射。前苏联于 1961 年 1 月 24 日抢先发射巨人探测器，但因探测器失去控制而失败。20 天后，前苏联第一个金星探测器"金星"1 号发射上天，但在飞到距金星 10 万千米后与地面的通信中断。1965 年，前苏联又发射了"金星"2 号和 3 号探测器，结果各自因为通信中断和遥测失灵而未完成使命。1967 年 6 月，"金星"4 号发射升空，飞行 128 天后与金星交会，放出着陆舱，但着陆舱还未到达金星表面就被高气压压扁了。

在经过几次发射失败的教训总结之后，1969 年 1 月 5 日，前苏联发射了"金星"5 号探测器，同年 5 月 16 日该探测器到达金星附近，并向地球发回了有关金星大气层的数据。10 月，前苏联又发射了"金星"6 号探测器。此后，前苏联又发射了 11 个金星探测器：1970 年的 7 号，1975 年的 9 号、10 号，1978 年的 11 号、12 号，1981 年的 13 号、14 号，1983 年发射的 15 号、16 号和 1984 年上天的两个"韦加"号探测器。

前苏联发射"金星"系列探测器对金星持续进行了 24 年的探测活动，对金星土壤和云层进行了考察，向地面发回了宝贵资料。

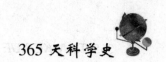

哈雷彗星回归引起恐慌

彗星的出现长期以来一直被认为是不祥之兆，我国民间称其为"扫帚星"，世界上有不少民族则称其为"妖星"。有趣的是，彗星却"利用"了人们对它的偏激观念，以其独特的魅力深深吸引着人类。

1910 年哈雷彗星的回归就曾引起过不小的恐慌和骚动。根据天文学家预测：当年 5 月 19 日，哈雷彗星将再次回归。有人宣称：届时它那 2 亿千米长的彗尾将扫过地球，还会散发出剧毒的氰气体。许多人被这一消息吓破了胆，以为"世界末日"就要到来，于是在此之前他们尽情享乐，不惜倾家荡产。更有甚者，有人在彗星到来的前一天跳楼自杀。

5 月 19 日傍晚，天空中出现了令人惊奇的景象：在月暗星稀的夜空，一个炫目的星团从地平线上直冲天穹，它拖着明亮的长尾巴由西向东移动，仿佛一把巨大的"天帚"在清扫着夜空。几个小时后，哈雷彗星又离去了，地球上的生态并没有受到任何影响，"世界末日"之说完全是杞人忧天。

随着科学技术的发展，彗星的奥秘被逐步揭开。1986 年 3 月，当哈雷彗星再次光顾时，科学家们采用各种手段对其进行了观测和研究，进一步认清了它的真面目。它的彗核既不是圆形也非椭圆，而是一个长 15 千米、宽 8 千米的"土豆"。它在空中缓慢转动，自转一周为 53.5 小时。彗星上面有山脊、山谷及环形山，还有几个奇特的亮斑活动区，从那儿不断喷出大量的气体尘埃（其中 80% 是水分子），一直可以喷到几千千米高。在阳光照射下，彗星喷射的景象五彩缤纷、十分壮观。

哈雷彗星的质量是 340 亿吨，每回归一次，由于太阳的作用，它要被蒸发掉 4 米厚的一层，损失 1 亿吨物质。因此，预计哈雷彗星的寿命还有 2.5 万多年，最多再回归 340 次。

微积分的光荣诞生日

牛顿在其 1665 年 5 月 20 日的一份手稿中已有微积分的记载，在这份手稿中，牛顿引进了一种带双点的字母，它相当于导数的齐次形式。因此，有人将这一日作为微积分的光荣诞生日。事实上，牛顿对微积分的研究以运动学为背景开始于 1664 年秋，就在这一年，牛顿已经对微积分有了较为清楚的认识。

1665 年夏至 1667 年春，牛顿在家乡躲避瘟疫期间，对微积分的研究取得了突破性进展。据牛顿自述，1665 年 11 月，他发明正流数术（微分法），次年 5 月建立反流数术（积分法）。1666 年 10 月，牛顿将前两年的研究成果整理成一篇总结性论文——《流数简论》，这也是历史上第一篇系统的微积分文献，标志着微积分的诞生。在以后 20 余年的时间里，牛顿始终不渝地努力改进、完善自己的微积分学说，先后完成三篇微积分论文：《运用无穷多项方程的分析学》（简称《分析学》，1669 年）、《流数法与无穷级数》（简称《流数法》，1671 年）、《曲线求积术》（简称《求积术》，1691 年）。它们反映了牛顿微积分学说的发展过程。然而牛顿的这些有关微积分的论文并没有及时公开发表，他的微积分学说的公开表述最早出现在 1687 年出版的力学名著《自然哲学的数学原理》一书中。因此，《原理》也成为数学史上的划时代著作。

牛顿对自己的科学著作的发表，态度非常谨慎，他的最成熟的微积分著述《曲线求积术》直到 1704 年才以《光学》的附录形式发表，其他的论文发表得更晚，《分析学》在牛顿去世后才公开发表。

微积分产生后，其运算的完整性和应用的广泛性充分显示了这一新的数学工具的威力，微积分迅速地成为研究自然科学的有力工具。

哥白尼《天体运行论》问世

1543 年 5 月 24 日，刚刚印好的《天体运行论》一书被送到了因中风而卧床已久的哥白尼面前，哥白尼用颤抖的手抚摸了一下这本凝聚着他毕生心血的书，1 小时后与世长辞。正是这本书的问世，引发了轰轰烈烈的近代科学革命。

哥白尼的学说创立之前，在天文学上牢固占据统治地位的是托勒密的地心说。按照这一学说，地球在宇宙的中央，其他日月星辰围绕地球旋转。地心说与宗教神学相结合，形成一个以地心说为中心的宇宙体系。地心说虽与人们的直观经验相符合，但在解释行星运动时遇到了巨大困难，特别是后来运用本轮、均轮的叠加来解释行星运动使地心体系变得异常繁琐复杂，这时就需要一个新的理论取而代之。正是在这种情况下，哥白尼在其《天体运行论》一书中提出了日心说这一革命性理论。

在日心说中，哥白尼提出了地球自转和公转的概念。全部星空的周日旋转实际上是地球自转造成的；太阳的周年视运动，则是由于地球绕太阳公转一周造成的。哥白尼的日心体系中更为重要的内容在于：它用太阳取代了地球的宇宙中心地位，这一变动使得各行星的运动获得了统一性。

应当指出的是，哥白尼的日心说在科学上存在许多困难，如精确度不够，预言的视差没有得到等。但哥白尼工作的意义不只是表现在提出了一种科学学说，更为重要的在于这一学说实现了宇宙图景的根本性转化，带来了人们思想观念的重大变革。随着日心说的广泛传播和日益为人们所接受，引发了近代科学在各个领域的重大进展。因此，把近代科学革命称之为"哥白尼革命"含义是深沉的。

富兰克林提出"正电"和"负电"的概念

富兰克林是美国著名的科学家和政治家。尽管他出身贫寒，但他凭着对科学的热爱，刻苦钻研，孜孜不倦，为科学研究做出了大量的贡献。

富兰克林在科学方面的贡献主要是电学。1743～1744年，在费城和波士顿看到了斯宾塞博士用玻璃管和莱顿瓶做的电学实验后，富兰克林产生了强烈的探求欲望。借助于柯林森给他寄来的电学著作和某些摩擦起电的设备，富兰克林进行了许多电学实验。他发现如果两个带有不同性质电荷的带电体相互接触，就会呈现中性。在1747年5月25日给柯林森的信中，富兰克林提出了电的单流质理论，他认为电是一种存在于一切物体中的"无重流质"，玻璃受到摩擦，"流质"就流入玻璃，使"流质"含量增加；树脂受到摩擦，则"流质"流出树脂，使流质含量减少。富兰克林用数学上的正负来表示多余或缺少的电流质，他称"玻璃电"为正电，"树脂电"为负电。摩擦起电只是电荷转移，并不是创生，在电荷转移的过程中，其总量是不变的——这便是"电荷守恒定律"的最初表述方式，这一定律后来发展为电学中的基本定律之一。

富兰克林一生最真实的写照可以用他自己曾说过的一句话来描述——"诚实和勤勉，应该成为你永久的伴侣"。他的一生，是学习的一生、研究的一生和为美国的解放事业奋斗的一生。为此，他被人们誉为"伟大的公民"！

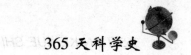

南宋杨忠辅编制的《统天历》正式颁布实行

公元 1199 年的 5 月 27 日，南宋杨忠辅编制的《统天历》正式颁布实行。

杨忠辅，字德之，约于孝宗淳熙十二年（1185）至宁宗开禧二年（1206）任职于太史局。他在《统天历》中最杰出的贡献是确定了回归年长度为 365.2425 日，这一数值直至今天仍在使用，而欧洲人直到在 1582 年的格里历——今天通用的公历中，才得到这一精确的回归年长度，比杨忠辅晚了近 400 年！

在天文历法的研究中，确定回归年长度——即确定一年有多少天，一直是一个重要而基本的问题。公历的基础是太阳中心连续两次经过春分点所需的时间——回归年，故又称阳历。格里历的平年为 365 天，闰年在 2 月末加一天，为 366 天。在格里历中，当某年的纪元年数不能被 4 整除时为平年，如 1981 年；能被 4 整除而不能被 100 整除时为闰年，如 1984 年；能被 100 整除，而不能被 400 整除时为平年，如 1900 年；能被 400 整除时为闰年，如 2000 年。格里历平均一年为 365.2425 日，与长度为 365.2422 日的回归年之间，要积累 3300 多年才有一日之差，达到我国《统天历》的水平。格里历按月分配日数掺有格里等帝皇威势，不太合理。每月合理的天数用两句话概括即是："闰年单月小、双月大；平年 2 月减一天"。但因为格里历已在全世界通用，人为因素影响极大，改历很难。

中国古代天文学家早在春秋时期就得到了回归年长度为 365.25 日，这在当时是全世界最精密的数值。以后，我国学者又对这一数值不断进行改进，公元 1199 年著名天文学家、数学家杨忠辅所确定的回归年长度，则将中国人的这一成就推向了顶峰。《统天历》还指出了回归年的长度在逐渐变化，其数值是古大今小。杨忠辅的这一伟大贡献，值得永远纪念。

发现微波背景辐射

1948 年，伽莫夫提出了关于宇宙起源的"大爆炸"模型。他还预言：大爆炸有残余的辐射遗留下来，大约只有绝对温度几度。对于这样的学说及其预言，在得到确凿的观测证据以前让人们相信是困难的。

20 世纪 60 年代初，为了改进与通讯卫星的联系，美国贝尔实验室建立了一套新型高灵敏度天线接受系统。该实验室的两位科学家彭齐亚斯和威尔逊在用这套仪器进行测量时，发现了一种微波干扰，相当于绝对温度 3.5K。他们曾做了许多工作试图消除这种干扰，如赶走天线上的鸽子，消除上面的鸽子粪；检查天线金属板的所有接缝，调整天线的位置等。但无论他们如何努力，都无法消除这种微波干扰。经过进一步观测，他们发现这一微波在所有方向上强度都均匀一致，并且不随季节变化。由此他们断定：这是一种宇宙深处的像背景一样无处不在的辐射。1965 年 5 月 28 日，《贝尔实验室新闻》首先报道了发现宇宙背景微波本底辐射的消息，标题为《新发现的可能是宇宙起源的射电辐射》。

后来，彭齐亚斯和威尔逊与以迪克为首的正在研究宇宙大爆炸遗迹的普林斯顿大学研究组进行了互访。经过讨论他们确信，这种微波背景辐射正是伽莫夫所预言的宇宙大爆炸所遗留下来的残余辐射。

彭齐亚斯和威尔逊两人写了题为《4080 兆赫的过剩天线温度测量》一文，发表在美国 1965 年 7 月的《天体物理学报》上。该文受到天体物理学家，尤其是宇宙学家的普遍重视，认为这是继哈勃定律以后，宇宙大爆炸学说的又一重大突破，是 20 世纪 60 年代射电天文学的四大发现之一。正是由于这一发现，彭齐亚斯和威尔逊共同获得了 1978 年度诺贝尔物理学奖。

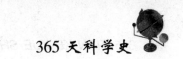

 365 天科学史

赖尔出版《地质学原理》一书

1830 年 5 月 29 日，英国地质学家赖尔出版了他的划时代著作《地质学原理》，该书提出了地质学研究的"古今一致"和"将古论今"的原则和方法，消除了"灾变论"的不良影响，把地质学推进到一个新的阶段。

赖尔发表此书以前，在地层形成问题上主要是用法国科学家居维叶的"灾变论"来解释。居维叶认为，地层结构的间断和其中化石的不连续不是自然形成的，而是由一种异乎寻常的超自然力所促成，这种超自然力即一次又一次突发的灾变。应当说，灾变论观点也有可取之处，因为它强调了地质过程的突变和飞跃，这也是一种客观过程。但是，灾变论却忽视了事物量的变化和渐进过程，把"超自然力"看成是引起灾变的原因，这就使之涂上了一层神秘的色彩。

赖尔在《地质学原理》一书中，依据大量事实批评了灾变论的错误。他认为，地球有极漫长的历史，人类只不过是地球上的匆匆过客。在地球的一切变革过程中，自然法则始终是一致的，根据现在仍在起作用的自然力和法则，就可以推论地球的过去，这就是"古今一致"和"将古论今"的原则和方法。赖尔认为，引起地球表面变化的原因根本不是什么超自然力，而是人们现在所看到的仍然在起作用的地质作用，正是这种作用的连续性，导致地层逐渐而漫长的进化。这样就把灾变论的超自然力从地质学中驱逐出去了。

赖尔的地质进化思想，不仅是对地质学的贡献，而且在整个科学史上也占有重要地位。恩格斯曾给予他很高的评价："只有赖尔才第一次把理性带到了地质学中，因为他以地球的缓慢的变化这样一种渐进作用代替了由于造物主的一时兴起所引起的突然革命。"

美国"水手9号"探测船首次沿火星轨道运行

1971年5月30日，美国"水手9号"探测器发射升空，同年11月13日，进入距火星1280千米的轨道，成为第一颗环绕另一颗行星运行的人造天体。

火星比太阳系中的任何其他行星都更像地球。火星自转情况和地球几乎一样，转一圈也是24小时多一点；它有极薄的大气层，空中飘浮着白云；它有被大气包围的固体表面，上面也有四季交替的气候变化，人们看到的它的南北极像白色的冰雪，冬季扩大，夏季缩小。1877年意大利天文学家斯基帕雷利发现了震惊世界的现象：火星上有"人工运河"！此后美国天文学家霍尔又发现了火星的两颗小卫星，有力地支持了火星上有"火星人"的推断。

为彻底弄清火星的全貌，美国发射了"水手9号"。就在"9号"驶向火星的过程中，火星上发生了大规模尘暴。"9号"幸运地躲过了这场持续了几个月的火星尘暴。1971年12月始，"9号"发回一系列火星地貌照片。看了这些照片，即便是那些有丰富阅历的天文学家也吃惊不小。"9号"成功地绘制了第一幅真正的火星全图，证明火星上根本不存在什么运河，人们看到的只是火星风形成的沙粒带状条纹；同时它也在火星上发现了许多干涸的河床，证明在火星上可能曾经存在过液态的水。只要有水，火星上的生命就有希望。

"水手9号"运行近一年，拍摄了7329幅照片，美国依据这些照片首次为火星上的火山、峡谷、高地和洼地命名。这些照片使人们认识到，火星是一个活动着的引人入胜的复杂世界。"水手9号"的成功，使美国科学家备受鼓舞，1976年又派遣"海盗号"宇宙飞船抵达火星，并着陆到火星地面，进行了更详细的考察。

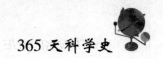

洪堡美洲探险到达华盛顿

1804 年 6 月 1 日，德国探险家和科学家洪堡在结束了对南美洲长达 5 年的考察后到达华盛顿，前去拜访了独立宣言的起草人杰斐逊，随后启程回国。

洪堡的南美探险行动于 1799 年 6 月 5 日启程，整个行程充满了数不清的艰难曲折。如在考察热带雨林时，要忍受气候的炎热潮湿和蚊子、昆虫的叮咬，还时时处在毒蛇和鳄鱼袭击的危险中。洪堡正是克服了常人难以想象的困难，才收集到了大量的动植物和岩石标本，记录了大量沿途的真实资料。这些成果在他返回欧洲时装满了三十五大箱。

洪堡的这次南美之行，是一次真正的科学考察。它不同于早期的拓荒，主要以掠夺和占领为目的；也不同于担负着天文学和测地学或者仅仅偏重于植物学、动物学、考古学的任务而进行的科学旅行。在考察中，洪堡的行李袋中装满了 40 多种最新的科学仪器和工具，每到一处，都对那里的经纬度、气压、温度、大气的成分、地磁等自然现象进行精确的测量和记录。由于他的这一工作，使地理学由传统的单纯直观描述开始走上定性的科学观察和测量，并通过各种实测资料加以说明。这种用科学的方法和综合的观点对一个地区进行研究，可以说是开了近代地理学的先河。因此，德国地理学界有人把洪堡赴南美考察的 1799 年作为新时代的开始。

洪堡的科学探险及对考察资料的系统总结，深深地吸引了众多科学家和读者，激励了几代人的科学探险活动。达尔文在读过洪堡的《新大陆热带地区旅行记》一书后发表感慨："我一直尊重洪堡，但现在我几乎崇拜起他来了。"

莱德伯格细菌有性生殖试验成功

继孟德尔发现遗传因子的分离定律和独立分配定律之后，摩尔根等人又提出基因论，补充了基因的连锁和交换定律，并证明这些规律在动植物界是普遍适用的。莱德伯格后来的发现又进一步证明了细菌也遵循同样的遗传规律。

莱德伯格，美国遗传学家，细菌遗传学的创始人之一。1925 年生于蒙特克莱市，在哥伦比亚大学学习动物学并于 1944 年获学士学位。以后曾在哥伦比亚大学医学院学习，不久转入耶鲁大学，于 1947 年获博士学位。后任威斯康星大学、斯坦福医学院教授，1962 年起任肯尼迪分子医学实验室主任。

莱德伯格是于 1946 年在耶鲁大学塔特姆教授的实验室里发现细菌的接合现象的。单就细菌接合的生物学意义来说，它相当于高等动植物的有性生殖。在莱德伯格设计的细菌"杂交"试验中，他将大肠杆菌 K－12 品系的两个不同的三重营养缺陷型细胞混合，把样品涂在基本培养基上，经过适当时间的培养，出现少数原养型菌落。在莱德伯格的笔记本上记录着第一次取得成功的日期是 1946 年 6 月 2 日，到了 19 日，他已将此重复了十几次，均得到了相同的结果。他又通过一系列试验排除了回复突变、转化和互养的可能性，从而证明这些原养型细胞是由两种不同基因型的大肠杆菌细胞相互接触而导致染色体脱氧核糖核酸的转移和重组从而产生的重组体。至此，莱德伯格发现并证实了细菌的基因重组现象。同年，他发表了首篇科学试验论文，宣布了这个了不起的发现。此后，他又在细菌遗传学方面做出了一系列的重要贡献。

莱德伯格的研究工作说明了遗传重组的普遍性，开创了细菌遗传学，并推动了分子遗传学的发展，为经典遗传学向分子遗传学的过渡打下了基础。

阿尔法磁谱仪搭乘 "发现号" 航天飞机升空

1998 年 6 月 3 日，由中美等国家共同研制的 "阿尔法磁谱仪" 于美国肯尼迪航天中心由 "发现号" 航天飞机送入太空。磁谱仪是一个设计不太复杂，但灵敏度非常高的仪器，尺度和一个桌子大小差不多，它的主体在一个圆筒状的结构中，放置以钕铁硼为材料的磁场强度很高的永久磁铁，它由磁铁后方的探测器来记录带不同电荷物质在通过磁场后的偏转轨迹。

AMS（ALPHA 磁的分光计）是为了在外层空间进行寻找反物质、暗物质以及研究宇宙射线实验而研制的首台太空磁谱仪。AMS 实验是由著名物理学家丁肇中主持，美国、俄罗斯、中国、瑞士、意大利等多国参加的国际合作项目。它对物理学以及对整个自然科学和人类社会的影响是不言而喻的。

过去数十年来，物理学家一直期望能将磁谱仪送入宇宙空间，提出多种方案，但由于无法造出满足上述条件的磁铁而无法实现。中国科学院电工研究所、高能物理研究所和中国运载火箭技术研究院设计并研制了 AMS 永磁体系统，并进行了各项空间环境模拟试验，成功地研制出了人类送入宇宙空间的第一个大型磁体系统。

阿尔法磁谱仪实验包括反映当今物理和天体物理学最重要的基本理论之谜的三大物理目标：寻找宇宙中的反碳核、反氦核和其他更重要的反核来确定宇宙中是否存在反物质；寻找宇宙中可能存在的暗物质；精确测量宇宙中各种同位素的丰度和高能 γ，并探索未知的物理现象。

阿尔法磁谱仪能对宇宙线进行非常精确的测量并由此产生许多新的有意义的物理信息。阿尔法磁谱仪还能对宇宙中其他各种同位素的相对丰度进行精确的测量。这些测量结果将会回答宇宙论和天体物理学中的许多重大问题。

世界环境日

人类自诞生以来，便依赖于自然环境中的阳光、空气、水和土地而生存。随着社会的发展，环境污染日益加剧，人们也越来越认识到保护自然环境的重要性。"世界环境日"是为纪念第一次人类环境会议，提醒全世界关注全球环境状况和人类活动对环境的危害而设立的纪念日。

1972年6月5日至6月16日，在瑞典首都斯德哥尔摩召开了联合国人类环境会议，讨论当代世界环境问题，探讨保护全球环境的战略。这是人类历史上第一次在全世界范围内研究保护人类环境的会议。出席会议的国家有113个，会议提出了响遍世界的环境保护口号："只有一个地球"！会议形成并公布了著名的《人类环境宣言》和包含109条建议的保护全球环境的"行动计划"。《人类环境宣言》规定了人类对环境的权利和义务，呼吁"为了这一代和将来的世世代代而保护和改善环境，已经成为人类一个紧迫的目标"，"各国政府和人民为维护和改善人类环境，造福全体人民和后代而努力"。同年10月举行的第27届联合国大会通过了联合国人类环境会议的建议，规定每年的6月5日为"世界环境日"，让世界各国人民永远纪念它。联合国系统和各国政府要在每年的这一天开展各种活动，提醒全世界注意全球环境状况和人类活动对境境的危害，强调保护和改善人类环境的重要性。

联合国环境规划署2003年6月4日发表新闻公报宣布，2003年"世界环境日"活动的主题是："水——20亿人在渴望它"。选择这个主题是为了支持联合国把2003年确定为"国际洁净水年"，同时也是为了引起人们对这一问题的高度重视。

102

阿累尼乌斯提出电解理论

　　博士生阿累尼乌斯在苦思论文选题时，忽然想起老师曾说像蔗糖那样无法汽化的物质是无法测量分子量的，他不服气，设想利用溶剂分子量越大电解质阻力越大的原理进行测量。但这首先要研究电解质导电率问题。

　　自法拉第提出电解定律以来，许多科学家研究了此问题，当时主流观点认为通电后电解质才发生离解，唯有克劳修斯提出"加压前已形成离子"，但他认为稀释后电解质离解度不变。阿累尼乌斯大量阅读前人著作、分析自己的实验数据，产生了"电解质在溶液中离解成离子的想法"，以此为主线他在1883 年 6 月 6 日完成了两篇论文《电解质的电导率分析》和《电解质的化学原理》，形成电离理论的雏形。他的观点引起了很大争论，由于导师的偏见及理论本身实验依据缺乏，论文得分并不高，但最终得以发表。

　　论文在国外引起极大反响，得到范霍夫、奥斯特瓦尔德等名教授高度评价。后来，通过了解范霍夫关于电解质稀溶液渗透压的公式，阿累尼乌斯获得了理论依据，根据电离理论算得的电导率与冰点降低法所得相同，又获得了实验支持，他发表《论溶质在水中的离解》，以大量实验事实和合理论证阐明了电解理论：电解质溶于水离解为离子；溶液越稀电离度越高；溶液的电导是正负离子电导之和；分子离解成离子；溶液中独立粒子增加引起渗透压等变化反常。

　　电离理论成功解释了酸碱强度、中和、水解等现象，经阿累尼乌斯、奥斯特瓦尔德等人的充实与发展，成为了分析化学的基础理论，开创了物理化学发展新阶段，阿累尼乌斯因此获诺贝尔化学奖。当然，此理论也远非完美，它只适用于弱电解质，后来强电解质溶液理论确立后才得以完善。

马尔萨斯为其《人口原理》作序

　　托马斯·马尔萨斯 1766 年出生在英国萨里郡，1788 年毕于剑桥大学耶稣学院，1805 年被聘为海利伯里东印度公司学院历史和政治经济学教授，在其余生中一直担任此职。

　　在 18 世纪的欧洲，不同于当时普遍的乐观态度，马尔萨斯认为，经济繁荣带来人口增长，最后必然导致人口过剩。他常就此与父亲进行辩论，最后，马尔萨斯决定将自己的看法写出来。

　　1798 年 6 月 7 日，马尔萨斯为其所著的《人口原理》作序，并将该书匿名出版。马尔萨斯的分析以两个永恒法则为前提：第一，食物为人类生存所必需；第二，两性间的情欲是必然的。他推论说，人口在无所妨碍时，以几何级数增长，而生活资料，即使在最有利的生产条件下，也只能按算术级数增长，因而人口增长速度会大大超过生活资料增长速度。而战争、瘟疫、饥荒等都是抑制人口增长、使人口与生活资料相适应的重要手段。马尔萨斯后来又补充了"道德抑制"即节制生育的方法来避免人口过剩。他认为大多数人不会实行这种方法，由此推定，人口过剩无法避免，大多数人注定要在贫困和饥饿的边缘上生活。后人称此为"马尔萨斯陷阱"。

　　尽管在以后的两个世纪里，马尔萨斯的理论遭受了许多非议，但《人口原理》的确对人类历史产生了深远影响。它首次强调了人口过剩问题的重要性，在世界范围内引起了那个时代观念上的革命。在其推动下，英国于 1801 年进行了人类历史上第一次全国性的人口普查。并且它对达尔文、华莱士思考进化论也有相当大的启发。凯恩斯曾做过这样的评价：在 18 世纪至今的人类科学史上，马尔萨斯……属于伟人的行列，他的《人口原理》在人类思想发展史上占据着举足轻重的位置。

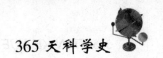

贝尔德成功研制出彩色电视机

1946 年 6 月 8 日，英国科学家约翰·罗吉·贝尔德成功地研制出彩色电视机。英国广播公司首次利用贝尔德所研制发明的彩色电视，播放了庆祝反法西斯战争胜利的游行盛况。

1888 年，贝尔德出生于苏格兰的一个牧师家庭。他自幼天资聪颖，喜好各种小发明创造。他长大后，对电气领域有着浓厚的兴趣。一次颇为偶然的机会，他接触到了德国电气工程师尼普柯夫所发明的"尼普柯夫圆盘"，逐渐着迷于电视的发明。由于健康状况不佳，贝尔德的经济状况日益窘迫，但他的科研热情并未因此而减弱。他利用各种废旧电机进行了无数次实验，发明出机械扫描式电视摄像机和接收机，利用电视播送运动物体的图像。为了解决研究经费问题，贝尔德曾果断地在《泰晤士报》上刊登广告，试图向公众介绍他的发明，寻求资费赞助者。

1925 年，贝尔德向公众展示了他的发明——机电式电视，这为他带来了成功与声誉。1929 年，英国广播公司开始利用电话电缆长期连续播放电视节目。进入 20 世纪 30 年代，贝尔德将研究重点转向了彩色电视机。但好景不长，正当贝尔德的研究顺利进行时，第二次世界大战爆发，他的实验室被炸毁，他的研究工作被迫中断。二战结束后，贝尔德的研究继续开展，取得了初步成功。1946 年，彩色电视成功地运用于电视节目的播放，但贝尔德却因抱病工作而病倒，不久病逝。

电视发展到今天，已成为极为重要的传媒工具，深刻地影响着人民的生活。对电视的发明与改进，贝尔德做出了不可磨灭的贡献。贝尔德深受英国人民的尊重，被后人誉为"电视之父"。

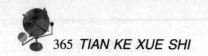

黎曼作"关于构成几何基础的假设"的演讲

1854 年 6 月 10 日，为了取得哥廷根大学的讲师职位，德国数学家黎曼（1826 ~ 1866）以"关于构成几何基础的假设"论文作了就职演讲，受到了与会数学家们的认可和好评。

黎曼的这篇论文被人们认为是 19 世纪数学史上的杰作之一。事实上，当初为了确定论文的选题，黎曼向高斯提交了 3 个题目，让高斯从中选定一个。其中第 3 个题目是涉及几何基础的，这个题目高斯已经考虑了 6 年之久，黎曼当时并没有太多准备，因此他从心底里不希望高斯选中它，但高斯却偏偏指定了第 3 个题目。

在演讲中，黎曼提到他的思想受到两方面的影响：一是高斯关于曲面的研究，一是赫尔巴特的哲学思想。全文分三个部分，第一部分是维流形的观念，第二部分是维流形的测度关系，第三部分是对空间的应用。黎曼的这篇演讲稿发展了高斯关于曲面的微分几何研究，建立起黎曼几何学的基础，他的工作很快由继承人进一步发展，成为后来广义相对论的数学基础。

黎曼一生著述不多，但几乎他的每一篇论文都是数学某一领域的开创性工作。有数学家评论说："黎曼是一个富有想象的天才，他的想法即使没有证明，也鼓舞了一个世纪的数学家。"黎曼是对现代数学影响最大的数学家之一。遗憾的是，这位伟大的数学家正值创造高峰时却英年早逝，去世时还不到 40 岁。

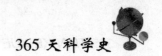

托里拆利实验首次公开

1644 年 6 月 11 日，生于意大利的数学家、物理学家托里拆利，在给其好友里奇的信中叙述了后来以托里拆利命名的著名实验。

取两根一端开口的玻璃管 A、B，长度均为 1.02 米，其中 A 管顶端为一玻璃球，B 管则是均匀的。将两管灌满水银，用手指堵住开口端，然后倒过来将手指与开口端一同浸入到一水银池内的水银面以下，放开手指，此时可看见管内顶部的水银下落，留出部分空间，而下面大部分仍充满水银。为了证明两管上部空间为真空，可在水银池内水银面以上注满清水，这时可将玻璃管慢慢提起，当玻璃管的开口端升到水银上面的水中时，管中水银急速泻出，而水却猛然进入，直至管顶。这充分证明原先管内水银柱上面的部分确为真空。这一实验还证明，管内的水银柱和水柱都不是被真空的力所吸引住的，而是被管外水银面上的空气重量所产生的压力托住的。因为如果真空真的对水银柱有吸引力，那么由于 A 管顶部为圆球，其真空要比 B 管大，吸力自然比 B 管大，因而 A 管内水银柱应高于 B 管，但实际上两管水银柱同样高。可见水银柱上方的真空对水银柱并无吸引力，水银柱的支持全靠管外大气的压力。

上述实验是托里拆利的重大科学贡献，它证实了真空和大气压力的存在及空气确实是有重量的。国际科技界为纪念托里拆利在研究大气压力方面作出的贡献，将一种大气压单位命名为托。一托等于 1 毫米高的汞柱所产生的压强。

人力飞机首次完成横越英吉利海峡的飞行

1969年6月12日，麦克里迪设计的人力飞机"飘忽信天翁"号，以平均每小时12.7千米的速度首次完成了横渡英吉利海峡的飞行。

麦克里迪是美国加利福尼亚州的一名航空工程师，曾发明制造过人力飞机——"飘忽秃鹰"号，曾经是一名优秀的滑翔运动员和伞翼滑翔的爱好者。麦克里迪在设计中打破了当时最流行的人力飞机的设计方案，应用伞翼滑翔的原理。1967年8月23日，他设计的"飘忽秃鹰"号人力飞机顺利地完成了"8"字航线的飞行，这使麦克里迪获得了克莱默奖。

"8"字航线的飞行成功后，英国皇家航空学会继而宣布了新的克莱默奖——以10万英镑奖予第一架飞越英吉利海峡的人力飞机。这一消息的公开，为人力飞机的研造者们确立了新的目标。麦克里迪潜心研究、试验，终于又发明出了"飘忽信天翁"号。

1969年6月12日，这架奇特的飞机停放在英国的南部小镇——福克斯通的码头上，没有尾翼却有着一对细长的机翼，翼展开长约30米。在座舱中位于机翼的正下方有两只小小的塑料轮子。飞机的发动机是一套用塑料链条转动的脚踏机构，带动机翼后面的塑料螺旋桨来产生飞行的动力，由飞行员在飞行时脚踏完成。此次飞行的目的地是海峡对岸的法国加来地区。5点51分，飞机顺利起飞。原计划2小时内完成航程，但是在飞行了1小时15分钟之后，由于海上风浪大起，引起了海峡周围上空的空气扰动，给飞行带来极大的难度，"飘忽信天翁"号逆风前进，速度减缓。终于在8点40分，顺利抵达法国的格里内角海滩。"飘忽信天翁"号飞行的成功，是人力飞机发展途中的又一块里程碑。麦克里迪也因此再度获得了举世瞩目的克莱默奖。

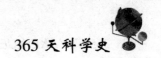

罗素公布恒星光谱型—光度图

罗素（Henry Norris Russell，1877～1957）是美国的天文学家，他在大量观测研究的基础上，逐步形成了自己关于恒星演化的思想。1913 年 6 月 13 日，他在英国皇家天文学会会议上作了《巨星和矮星》的学术报告，公布了恒星光谱型和光度的关系图，从中可以看出恒星的演化规律。同年 12 月 20 日，他又在美国天文学会学术会议上宣读了题为《恒星光谱型与其他特征之间的关系》的论文，向人们展示了对 300 多颗恒星光谱和光度关系的研究成果，进一步揭示出恒星的演化趋势和老中青不同年龄段恒星的状态。

恒星光谱型－光度图在 20 世纪 30 年代以前被称为罗素图，这反映了人们对于罗素在这一发现上所做贡献的承认和赞赏，罗素也正是由于这一发现而永载天文学史册。后来人们知道，早在 1905 年和 1907 年，丹麦天文学家赫茨普龙就曾发表过类似的研究成果，因而从 1933 年起，"恒星光谱型—光度图"就被称为"赫茨普龙—罗素图"，简称"赫罗图"。

赫罗图对恒星的研究有重大意义，它是现代恒星天文学中的重要工具，被认为是"恒星寻宝图"和"恒星生命图"，因而，赫罗图的建立被史评家评价为现代天文学发展史上一块辉煌的里程碑。从赫罗图中天文学家可以获得有关恒星的大量信息，如可以利用它推算恒星内部结构以建立恒星模型；由于恒星内部结构的逐步演变能够在其光度和表面温度上表现出来，致使恒星在赫罗图上的位置会沿一定的路径移动，因此人们可以从中描绘出恒星生命史的演化程序。现代恒星演化学研究所取得的成就，在很大程度上依赖于赫罗图。

《21 世纪议程》颁布

1992 年 6 月 3 日至 14 日，在巴西的海滨城市里约热内卢举行了联合国环境与发展大会。有 183 个国家派代表团参加大会，102 位国家元首和政府首脑与会，故此次会议又被称为"地球高峰会议"。

会议宗旨是回顾人类环境会议召开后 20 年来全球环境保护的历程，敦促各国政府和公众采取积极措施，协调合作，防治环境污染和生态恶化，为保护人类生存环境而共同努力。大会通过了《里约环境与发展宣言》、《21 世纪议程》以及《关于森林问题的原则声明》等重要文件，并签署了联合国《气候变化框架公约》、联合国《生物多样性公约》，充分体现了人类社会可持续发展的新思想，尤其是《21 世纪议程》，已经成为指导世界各国制定和实施可持续发展战略的纲领性文件，为新世纪人和自然的发展，为人口、资源、环境以及经济和社会的协调发展指明了正确的新方向。从此以后"可持续发展"观念受到各国政府、企业与知识界的高度重视，各国政府先后制定了自己国家的可持续发展战略，一股绿色的浪潮向世界蔓延开来。尽管在某些具体问题的解决上，发展中国家与发达国家之间仍然存在不少分歧，但是我们可以看到人类整体的地球意识与环境意识向前迈进了一大步。

会后，我国政府立即着手制定《中国 21 世纪议程——中国 21 世纪人口、环境与发展白皮书》，作为各级人民政府制定国民经济和社会发展长期计划的指导性文件。1996 年，我国《国民经济和社会发展"九五"计划和 2010 年远景目标纲要》中明确提出，可持续发展战略和科教兴国战略是国家今后发展的基本战略，经济体制和经济增长方式要实现两个根本性转变。

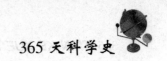

罗素悖论引发第三次数学危机

我们知道，对于每一个集合来说，都可以考虑其是否属于自身的问题，大部分集合都是不属于自身的。我们把不属于自身的集合称为正常集合，否则称为异常集合。把所有正常集合组成的新集合记为 S_0，即 $S_0 = \{X \mid X \notin X\}$

考虑 S_0 是否属于 S_0 根据排中律，要么 S_0，属于自身，要么 S_0，不属于自身。如果 S_0 属于自身，则 S_0 是异常集合，但 S_0，是正常集合构成的，从而 S_0 又不属于自身，矛盾。如果 S_0 不属于自身则 S_0 是正常集合，由 S_0 的构造又推出 S_0 属于自身，矛盾。不论哪一种情况，矛盾不可避免，这就是英国著名数学家、逻辑学家和哲学家罗素于 1903 年提出的轰动一时的"罗素悖论"。

事实上，早在罗素悖论发现以前，就已经出现了布拉里·福蒂（Burali - Forti）悖论和康托（G. F. L. P. Cantor）最大基数悖论。但由于这两个悖论涉及的概念较多，并没有引起人们的注意。而罗素悖论就不同了，它只涉及集合论中的几个最基本的概念："集合"、"元素"、"属于"，其构成十分清楚明晰。另外，如果以逻辑的术语代替集合论中的术语，以逻辑定义的性质代替集合论中定义的集合的性质，则罗素悖论可在最基本的逻辑概念的形式中推出。这表明，罗素悖论不仅触及到整个数学基础的理论，而且还牵涉到逻辑推理论证。因此，这个悖论的出现引起了西方数学界、逻辑学和哲学界的极大震惊，由此导致了数学发展史上的第三次数学危机。为了解决这个悖论，20 世纪初整个数学界投入了极大的精力。

中国第一颗氢弹爆炸

1967 年 6 月 17 日，中国自行设计、制造的第一颗氢弹在中国西部地区上空试爆成功，其爆炸威力，相当于美国当年投到日本广岛那颗原子弹的 150 多倍。震惊世界的蘑菇云异常炫目耀眼。氢弹的爆炸成功，是中国核武器发展的又一个飞跃，标志着中国核武器的发展进入了一个新的阶段。

1959 年底，前苏联撕毁协议，撤走专家，甚至还传出风凉话："送给你们一颗原子弹，你们也弄不响"，"你们只能收获沙粒和石头，永远种不出蘑菇云来"。核垄断大国美国也在看我们的笑话，怕中国军事实力超过他们。但我们不屈不挠，在发展核武器方面完全走的是一条自力更生、艰苦奋斗的道路。1964 年 10 月 16 日，我国第一颗原子弹爆炸成功之后，从事氢弹理论先期探索的队伍转入中国科学院理论部，和那里的科技队伍汇合，形成强有力的科研攻关劲旅。

1965 年 10 月，氢弹理论终于得以突破。1966 年 12 月 28 日，氢弹原理试验成功；1967 年 6 月 17 日上午 7 时，空军徐克江机组驾驶着 72 号轰炸机，进行氢弹空投试验。沉寂的戈壁大漠上空，瞬时升起了一颗极为神奇壮观的"太阳"。

第一颗氢弹爆炸成功后，我国政府郑重声明："中国进行必要而有限制的核试验，发展核武器，完全是为了防御，其最终目的就是为了消灭核武器。中国再一次郑重宣布，在任何时候、任何情况下，都不会首先使用核武器。中国人民和中国政府，将一如既往地继续同全世界一切爱好和平的人民和国家一道，共同努力，坚持斗争，为全面禁止和彻底销毁核武器而奋斗！"

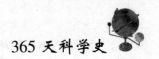

贾可尼发现宇宙射线源

1962 年 6 月 18 日，美国射电天文学家贾可尼和他的科研小组用火箭携带 X 射线探测器研究月球的荧火现象时，与一个强 X 射线源不期而遇，并为其取名天蝎 X – 1。直到 1966 年，美国科学家桑德奇等人才认证出这一射线源的光学对应体是密近双星天蝎 V861。当年，他们又发现了第二个宇宙 X 射线源金牛 X – 1，随后也认证出它的光学对应体是超新星遗迹蟹状星云。

宇宙 X 射线源的发现是 20 世纪 60 年代射电天文学的重要成就之一，也是射电天文学在当时迅速发展的重要体现。长期以来，人类主要是依靠接收天体的光学辐射来认识广阔无垠的宇宙的。但光学波段只占整个电磁辐射的一小部分，从这一窄小的窗口窥视无边的宇宙必然会受到很大的局限。从 20 世纪 30 年代开始，由于无线电通讯技术的迅速发展，人们探测到了来自宇宙太空的无线电波，从而在光学波段以外，又开启了一个认识宇宙的新窗口，导致了射电天文学的崛起。

从 20 世纪 50 年代起，随着射电天文探测技术的提高，射电天文学得以迅速发展，可探测从毫米到米波的宇宙电磁辐射。人们透过这一新开启的射电窗口，可以看到宇宙面貌的另一侧面，研究星际氢和分子云等温度低于 100K 的冷天体，以及像超新星遗迹和射电星系之类干扰天体的非热辐射。它对于揭示宇宙间大规模剧烈活动起了重大作用。贾可尼等人发现的 X 射线源就是通过射电观测取得的重要成果。此外，20 世纪 60 年代射电天文学的四大发现则是射电天文学迅速发展的重要标志。

导致二氧化碳发现的药方发表

1739 年，学医出身的英国化学家布莱克（Joseph BIack）在翻阅 6 月 19 日的伦敦公报时无意中发现了一张价值 5000 英镑的药方，它是斯蒂芬斯夫人为治疗首相沃波尔和他兄弟的结石病而开出的。布莱克深感兴趣，仔细检验了药方的成分，意外地发现了固定气体（即二氧化碳）。

布莱克关于固定气体的研究成果收集在《关于白镁氧、生石灰和其他碱性物质的实验》一书中。在此著作中，布莱克记录了煅烧石灰石会放出一种气体，同时石灰石质量减轻，而这种气体又可以被石灰水吸收重新生成石灰石，看来这种气体是固定在石灰石中的，所以布莱克称之为固定气体。他又把生石灰溶于酸，倒入碳酸碱也能得到石灰石，这证明碳酸碱中也含有固定气体。布莱克注意到固定气体与普通气体性质很不相同，燃烧的蜡烛在其中会迅速熄灭，动物在其中会死亡，看来它是气体家族中的新成员。自布莱克之后，二氧化碳进入了人类的视野，在化学、生物、医学等领域占据重要位置。

布莱克对固定气体的研究是个伟大的探索。他开始用定量的方法和质量守恒定律来研究化学，在实验中注意测定物质的质量变化。他发现煅烧后的石灰石质量减轻 44%，与燃素说所认为的加热石灰石失去质量微乎其微的燃素并不相符，他以确切的实验证据向燃素说提出了挑战。布莱克特别重视实验，拒绝接受没有实验基础的假设。由此就不难理解他为何率先放弃了燃素说，积极接受并宣传拉瓦锡的新学说。

此外，固定气体的发现表明气体具有多样性，它们具有独特的化学性质，可以参加化学反应，甚至与固定物质化合生成新物质，这为气体化学的发展繁荣奠定了理论基础。

焦耳发表测定热功当量的论文

詹姆斯·焦耳（1818～1889），英国实验物理学家。焦耳是位业余科学家，由于受到著名化学家道尔顿的引导，对实验产生了兴趣，为他的业余研究打下了良好的基础。

焦耳为了测定热功当量的值，反复进行实验，从 1840 年开始到 1878 年为止，前后大约用了 40 年的时间，做了 400 多次实验，用了多种方法，包括桨翼搅拌法、多孔塞法、压气机法、电热法等，实验结果越来越精确，无可辩驳地证明了能量守恒与转化定律。

1847 年 4 月，焦耳在作《关于物质、活力和热》的讲演时，对他的实验结果作了通俗的解释："经验已经证明，无论在哪里活力在表观上消失了，那么总会产生一种与之等当量的力，这种与活力等当量的力就是热。把活力变为热的最通常的办法就是摩擦。" 1849 年 6 月 21 日，他在皇家学会宣读论文《论热的机械当量》，并介绍了实验装置，宣布了实验结果：要使一磅水（在真空中测量温度在 55～60℃之间）升高 1 华氏度的热量，需要花费 772 磅重物下降 1 英尺所做的功（此数值为 424.3 千克米/千卡），实验结果处理得相当严密，在计算中甚至考虑到将重量还原为真空中的值，这个实验结果同 30 年后（1879 年）由美国物理学家罗兰的测量结果相比，误差仅为 1/400。由此看出焦耳实验的精确性，但他继续测量一直到 1878 年，最后的测量值为 423.85 千克米/千卡。

在 1850 年发表的《热的功当量》实验报告中，焦耳详细地介绍了实验装置、实验过程和实验结果。同年他当选为皇家学会会员，成果得到科学界的认同。焦耳的工作为热力学第一定律的建立奠定了基础，由此能量守恒和转化定律应运而生。

吉尔伯特《磁铁》出版

"同性相吸，异性相斥"被人们引申并广为使用，其原型就是吉尔伯特关于磁的研究结论，即"同名极相吸，异名极相斥"。

吉尔伯特是英国物理学家，近代磁学和电学的先驱者。他是第一个用实验方法探索电磁性质，并从理论上加以概括的早期科学家。

吉尔伯特对磁力现象的兴趣源于他渴望理解控制行星运动的力。当时，哥白尼提出不久的太阳系模型还不能解释什么力在太阳和行星之间发挥作用。吉尔伯特认为或许是磁力的作用，为了检验自己的想法，他对电和磁现象进行了彻底的分析。

吉尔伯特是第一个使用"电流"、"电吸引"、"带电体"这类术语的人。他令人信服地证明了带电荷的带电体产生的引力或斥力不同于天然磁石或某些磁性磁石。1600年6月22日他出版了《磁铁》，此书带来的巨大影响为他树立了物理学家的声誉。他描述了对磁体和电吸引现象的研究，在汇集已知的关于电和磁知识的同时，又提出了一些卓越的新理论。他研究了热对于磁性物体的作用，发明了验电器，区分了静电荷与磁，并且第一次解释地球磁性。吉尔伯特的伟大贡献在于他进行了磁铁和指南针实验，提出地球本身就是一大块球形磁铁。

地球具有磁性的思想使吉尔伯特推测，地球的磁性引力使物体保持在地球上。虽然他是错误的，但他的理论为"地心引力"理论开辟了道路。吉尔伯特的地球模型在今天仍是对地球磁性的标准描述，但他借助于磁力解释行星绕太阳运动的尝试是不正确的。后来牛顿的万有引力思想卓有成效地解决了这个问题。

《磁铁》是英国出版的第一部伟大的物理学著作。吉尔伯特从实验和理论相结合上对电磁学的研究，标志着近代电磁学的萌芽。

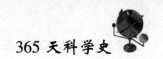

薛定谔创立波动动力学

薛定谔（1887～1961），奥地利著名的理论物理学家。他在1921～1927年担任苏黎世大学数学物理学教授期间，创立了波动力学。

薛定谔读了爱因斯坦关于量子统计论的论文后，认为旧量子论是不能令人满意的，所以他开始用全新的观点去研究原子结构问题。薛定谔于1926年1月、2月、5月和6月接连在德国《物理学纪事》上发表了一组4篇题为《作为本征值问题的量子化》的论文，最后一篇是在6月22日左右送到杂志社的。这4篇论文建立了完整的波动力学。

他在1月份的论文中，建立并用经典力学的哈密顿—雅可比方程和变分方法求解了氢原子的定态薛定谔方程、能级公式，用本征值代替了原来的玻尔—索末菲量子化条件，从而把量子化问题归结为本征值问题，这正是薛定谔建立波动力学的一条具有创造性的主线和突破口；在2月份的论文中，他建立并求解了含时薛定谔方程，还通过经典力学与几何光学的类比阐述了波动力学和波函数的意义；5月、6月发表的论文详细叙述了与时间无关的薛定谔微扰理论和含时间的薛定谔微扰理论。

波动力学大大发展了德布罗意的思想，进一步解释了微观物体波粒二象性的本性。这一理论已成为研究原子、分子等微观粒子的有力工具，并奠定了基本粒子相互作用的理论基础。薛定谔方程是非相对论性理论，因为它建立在不发生实物粒子的产生和湮灭、实物粒子的速度远小于光速这两个假设之上。

由于建立了新型原子理论，薛定谔和狄拉克共同获得了1933年度诺贝尔物理学奖。

英国数学家威尔斯解决费马猜想

1630 年左右，法国数学家费马（P. D. Fermat）对古希腊丢番图的著作《算术》第二卷的第八命题进行了推广，得到了如下一个命题：当 n≥3 时，不定方程 $x^n + y^n = z^n$ 不存在正整数解。这就是费马猜想。

自费马去世后，许多数学家如莱布尼兹、欧拉（L. Euler）、勒让德（A. M. Legerdre）、高斯、柯西、狄利克雷（P. G. L Direchlet）和库默尔（E-. E. kummer）等试图证明这一猜想，但有的只给出了作为特殊情形的证明，有的甚至给出了错误的证明。

再困难的问题也阻止不住人们对它的探求。1955 年，日本数学家谷山和志村提出了谷山－志村猜想。1986 年，德国数学家弗赖（G. Frey）发现，如果谷山－志村猜想成立，则费马猜想成立。同年，美国数学家里贝（K. Ribet）证明了塞尔（J. P. Serre）的"水平约化猜想"。因此，要证明费马猜想，只需证明谷山－志村猜想成立。上述工作为威尔斯最终解决费马猜想铺平了道路。

威尔斯于 1954 年 4 月 11 日出生于英国剑桥，十岁时就对费马猜想产生了浓厚的兴趣，费赖和里贝的工作极大地鼓舞了威尔斯，之后，威尔斯便制定了详细的计划，并全身心地投入到了费马猜想的研究中去。1993 年 6 月 23 日，威尔斯在做完题为"椭圆曲线、模型式和伽罗瓦表示"的演讲后，以平静的语气向与会者宣布："我证明了费马猜想。"然而，威尔斯并没有立即发表自己的论文，而是不断地检查其中的错误，经过近两年的修改、完善，才于 1995 年 5 月将论文全文发表。至此，困惑数学界 300 多年的难题解决了，威尔斯也因此于 1998 年获得了菲尔兹特别贡献奖。

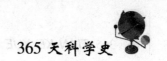

苏联建成第一座核电站

1954 年 6 月 24 日，苏联建造了世界上第一座核电站。由于具有无污染、成本低等许多优点，核电站受到越来越多的国家重视，成为能源工业发展的新方向。

一个重原子核分裂成几个中等质量原子核的过程叫原子核的裂变。核裂变时会释放大量核能，它是人类获得原子能的一条重要途径。根据核裂变的道理，1954 年苏联在奥布宁斯克建成的世界第一座核电站，以浓缩铀为燃料，采用石墨水冷却堆。简单说，核电站是用核燃料代替煤等有机燃料来发电，原子能反应堆是它的心脏，它所用的核燃料，在地球中的储量，按能量计量是有机燃料燃烧的能量的 20 倍，且核发电没有火力发电对环境的污染。此后，欧美一些科技先进的国家也纷纷着手建造核电站。

与此同时，人类正在寻找获得核能的另一条途径。现在科学家已经清楚，太阳发射的能量是来自组成太阳的无数的氢原子核。在太阳中心的超高温（1500 万℃）和超高压下，这些氢原子核互相作用，发生核聚变，结合成较重的氦原子核，同时释放巨大的光和热。太阳能的来源启发了科学家，使他们认识到在人工控制下氢元素的核聚变反应即受控热核反应，是未来人类最有希望的能量来源。

由于受控热核反应要比建造原子能反应堆困难得多，虽然近 30 年来世界各国都在大力研究，仍有不少技术难题尚未解决。不过科学家仍然很有信心，预计到 21 世纪初人类便可借助受控热核反应来发电，为人类提供既干净又便宜的能源。

玻恩发表波函数的统计诠释

玻恩，德国著名理论物理学家、矩阵力学的创始人之一，1882 年出生于德国普鲁士西里亚省。1970 年去世，享年 88 岁。

薛定谔建立的波动力学很快被物理学界所接受，但是人们对波函数所表达的意义却无法正确理解，就连薛定谔自己也没有找到波函数的正确解释。出人意外的是，对波函数的意义做出正确解释的竟是矩阵力学的创始人之一的玻恩教授！1926 年，当玻恩得知戴维逊的电子衍射实验后，他立刻意识到那就是德在罗意所预言的电子衍射的实验证据。他在爱因斯坦关于波场与光量子关系的启示下，通过光子与电子的类比，提出了著名的波函数的几率诠释。

玻恩在 1926 年 6 月 25 日发表的《散射过程中的量子力学》一文中，详细表述了他对波函数意义的几率诠释。他首先分析了薛定谔对波函数的诠释，并提出了认为不妥当的地方，随后他提出了一个非决定论的解释——$|\psi^2|$ 是几率密度。关于为何提出这种解释，他在 1954 年诺贝尔授奖演讲中指出："爱因斯坦的观念又一次引导了我，他曾经把光波的振幅解释为光子出现的几率密度，从而使粒子和波的二象性成为可理解的。把这一观念推广到波函数，$|\psi^2|$ 必须是电子（或其他粒子）的几率密度。"利用这种解释，玻恩就明确了德布罗意波的意义——$|\psi^2|$ 就是电子在 t 时刻出现于 r 地点的几率密度。所以，德布罗意波是一种几率波，并不表示任何媒质的真实振动，波函数在空间某点上的强度和粒子在该点出现的几率成正比，这种出现的几率以波的形式连续地传播。

正是玻恩赋予波函数的这种统计意义，才使人们能更好地理解薛定谔方程、量子力学。也正是这一突出贡献，使他获得了 1954 年度诺贝尔物理学奖。

莫瓦桑制成"死亡元素"氟

把液态氟化氢放在铂制的 U 形管中，以铂铱合金作电极，用氯仿作冷却剂冷却至 −23℃时通电电解，不一会儿阳极冒出淡黄绿色气体，这是法国化学家莫瓦桑于 1886 年 6 月 26 日正在制取氟气。终于成功了！莫瓦桑欣喜若狂。为攻克这一难关，他耗费数年精力，探索了大量实验方法，多次身中剧毒、九死一生，凭着坚忍不拔的毅力和精湛的实验技术，终于制得了被称为"死亡元素"的单质氟。

制备氟是化学家的梦想。早在 1771 年，舍勒将萤石溶于硫酸生成了与氯化氢性质相似的氟化氢，人们推想它是和氯同族元素的氯化物，于是把推想而来的元素叫做氟。从此化学家一直设想从氟化物中分离氟，第一个进行此工作的是戴维，他探索了电解途径，但最终没有成功。以后的许多化学家继续在这条荆棘路上艰苦跋涉。因氟性质非常活泼，极易和其他物质（例如实验器皿）发生反应，同时又难以从其化合物中离析，且含剧毒，所以没人成功，化学家鲁耶特等人甚至为此献出了生命。

当科学院听说了莫瓦桑的实验后很震惊，派出审查委员会予以鉴定。莫瓦桑作了精心准备迎接审查，但意外出现了，在做演示实验时电解装置失灵了，无丝毫氟气冒出。审查组败兴而归，莫瓦桑却没有灰心，仔细查找纰漏。结果发现，原实验中的氟化氢中掺杂有少量可导电的氟化钾，所以氟化氢被电解。而在演示实验中，他特地提高了氟化氢的纯度，去除了氟化钾，也就无法对氟化氢进行电解。纠正错误后，演示实验胜利完成，科学院宣布分离单质氟获得成功。

莫瓦桑又进行了其他氟化合物的研究，取得很大成就。其中四氯甲烷导致了高效制冷剂氟利昂的产生，六氟化硫成为了优秀的气体绝缘材料。

人类基因组草图绘制完成

2000 年 6 月 26 日，英国首相布莱尔与美国总统克林顿通过卫星联合宣布，人类有史以来第一个基因组草图已经绘制完成，与此同时，法、日、中等国科学家也宣布了这一消息，最后的基因图将于 2003 年向世人公布。

基因草图的绘制对于维护人类的健康具有深远的意义。人体基因的突变是造成大约 5000 种遗传疾病的根本原因，并能够影响数千种疾病的发展。在此之前，要将某种疾病与基因的变化联系在一起，需要花费大量时间和精力，并且很难做出确切的判断，而现在，只需短短几天的时间就能发现并确切诊断。它将为疾病的预防、诊断和治疗带来前所未有的转变。

但是，大多数基因专家认为，人类所能诠释的遗传基因最终只能达到99.9% 的精确率，因为以目前人类所拥有的科技手段，无法破译染色体中1% ~2% 的部分（含有一种叫"异染色体"的化学物质）。在完成 97% 的测序任务后，剩余极少数未完成部分将非常难以完成。而且所能破译的也只是群体的共性，不可能投入巨资对每个人进行"个性"的完全测定。

一些社会和人文学家则担心人类会扭曲地利用基因技术。如为达到培育完美后代的目的，进行婴儿改造，导致堕胎率大幅度上升；身体有缺陷的残疾人将有可能在就业、保险和医疗等方面遭受更多的歧视；等等。法律专家呼吁，尽快制订有关基因的法律条款，对基因技术进行规范和限制。因此，基因技术的利用也要小心谨慎，趋利避害。

世界上第一颗海洋卫星升空

1978 年 6 月 28 日，美国发射了世界上第一颗海洋卫星——"海洋卫星 – 1"号。

国际上海洋遥感技术经历了两个阶段，第一阶段是气象卫星、陆地卫星的海洋应用阶段；第二阶段是海洋卫星应用阶段。后一个阶段是美国于 1978 年发射的海洋卫星 SEASAT – A 而开创的。

在海洋卫星出现以前，海洋的遥感资料主要来自气象卫星和陆地卫星，但由于海洋具有不同于陆地和大气的特点，海水的流体性质及运动性质有别于陆地；海面波动与照射在其上的电磁波相互作用使遥感过程复杂化；海洋现象与大气现象的时空尺度相差悬殊，加上气象卫星与陆地卫星的轨道参数和传感器性能不完全适合于海洋，因此必须设计专门用于海洋观测的卫星。

出于以上原因，"海洋卫星 – 1"号装载 5 部传感器：雷达高度计、海洋卫星散射计、合成孔径雷达、可见光和红外辐射计、扫描多通道微波辐射计，它们的测量精度高度误差小于 8 厘米，风速不高于 1.3 米/秒，海面温度误差小于 1℃。这颗卫星呈圆筒形，高 21 米，总重量 2290 千克，飞行高度 800 千米，倾角 108°，每昼夜绕地球 14 圈，在 36 小时内可将全球 95% 的海面覆盖一遍，并向地面发回海面风、海面温度、波高、内波、大气水量、海冰、大洋地形和海洋水准面等资料和信息。

除"海洋卫星 – 1"号外，美国还于同年 10 月发射了与海洋学有密切关系的"雨云 – 7"号气象卫星。前苏联于 1979 年、1980 年发射过两颗海洋卫星"宇宙 – 1076"和"宇宙 – 1151"，1979 年和 1981 年还和匈牙利、原民主德国、捷克斯洛伐克等合作发射过"国际宇宙 – 20"和"国际宇宙 – 21"两颗海洋监测卫星。

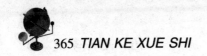

拉普拉斯《概率的分析理论》出版

1812年6月29日，拉普拉斯的著作《概率的分析理论》出版，这部著作实现了概率论研究中由组合技巧向分析方法的过渡，开创了概率论发展的新阶段。

《概率的分析理论》一书，是对前人及拉普拉斯自己研究成果的全面总结，运用17、18世纪发展起来的强有力的分析工具处理概率论的基本内容，使以往零散的结果系统化。这本书除给出概率论方面的一些重要概念、导出包括中心极限定理在内的一些重要定理等内容以外，还引进了被广泛应用的"拉普拉斯变换"，并将概率论广泛应用于观测误差估计、气象、人口统计、保险等科学和社会问题。

1814年，《概率的分析理论》第二版出版，拉普拉斯在书中增加了一个长达150页的绪论，同年该绪论以题为《概率的哲学导论》单独出版。《导论》论述了概率论定义、发展历史、概率的般原理和应用，并阐明了概率的重要概念——数学期望及其计算方法。

拉普拉斯对纯粹数学并不是很感兴趣，他爱好应用，数学只是一种手段，而不是目的，是人们为了解决科学问题而必须精通的一种工具。拉普拉斯的虚荣心较强，经常不交代他的结果的来源，给人的印象好像都是他自己的，事实上，他利用了拉格朗日的许多概念而未做声明。

拉普拉斯在科学上的主要成就涉及天体力学、宇宙论、分析和概率论等方面，他的五大卷《天体力学》（1799～1825）已成为整个科学史上的经典巨著。他在数学方面的贡献也多与天体力学和其他应用研究有关。

进化论"牛津大辩论"

托马斯·赫胥黎，英国博物学家，自称"达尔文斗犬"。早年因家境贫寒只受过两年正式教育，但他靠自学考入医学院，1845 年在伦敦大学获医学学位。1851 年入选英国皇家学会，1881 年至 1885 年担任会长。他精力充沛、头脑机敏，因严谨的治学风范和正直品格享有盛誉。

16 世纪后期自然科学的进展使占统治地位的神创论暴露出越来越多的破绽。1859 年，达尔文在《物种起源》中更是明确地预言："人类的起源和历史，也将由此得到许多启示。"这使人猿同祖的观点再次复兴，欧洲掀起轩然大波，一些学者与教会人士策动"粉碎达尔文"的会议。一场科学大论战迫在眉睫。

1860 年 6 月 30 日，牛津大学大不列颠学会年会的第三天，赫胥黎到会。会上，先是一些学者攻击进化论，继而，圣公会主教威尔伯斯福发难。他猛烈攻击进化论违背圣经教义，最后挑衅地转向赫胥黎："请问这位宣称自己是猴子后裔的先生，您是通过祖父还是通过祖母接受猴子血统的呢？"

赫胥黎从容应战。他简明地阐述了进化论，以确凿的事实和严密的推理，揭露了主教的愚昧无知。最后他说，宁愿"要一个可怜的猿猴作自己的祖先"，也不要一个运用自己的优厚天赋和巨大影响，却把"嘲讽奚落带进庄严的科学讨论"的人作祖先。主教顿然哑口无言，退出会场。论战终以赫胥黎为代表的进化论者大获全胜而载入史册。

围绕建立在进化论基础上的人猿同祖论的斗争直到赫胥黎 1863 年发表了《人类在自然界的位置》才告平息。书中，他从胚胎学和比较解剖学的证据出发提出了"人猿同祖论"，成为人类起源认识史上一个新的里程碑。

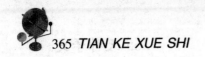

哈伯创立制氨法

20世纪初，农业和军工业发展对氮化合物的需求量越来越大，于是科学家想方设法固定空气中的氮，方法之一就是氢固定法，即用氢和氮合成氨。氨是合成氮肥的重要原料，同时本身也是一种氮肥，所以制氨法就成了重要研究课题。但合成氨很困难，常温常压下氮和氢反应无法制得，让它们通过电火花也只有少量产生，因此有人认为不可能合成氨。物理化学的发展带来了新的希望，质量作用定律、化学动力学、化学平衡原理等理论的问世使合成氨的本质日益清晰。

德国科学家哈伯及其学生在两万多次实验中逐渐认识到合成氨的原理。理论计算表明，氢、氮在200个大气压和600℃的条件下反应，氨的生成率为8%，哈伯意识到合成氨不可能实现硫酸生产中的高转化率。他们采用使反应气体在高压下循环加工，配以适当催化剂，在循环过程中不断分离氨的方法，最终以锇作催化剂在175～200个大气压下和500～600℃时，合成了6%以上的氨，1909年7月2日，成功建立了每小时产80克氨的实验装置，合成氨取得了重大突破。哈伯因此获1931年度诺贝尔化学奖。

合成氨的方法立刻被德国公司付诸工业生产，在工程师波施领导下，经过5年时间，选用含少量氧化铝的钾碱助催化的铁催化剂和耐高温高压的合成塔，建成了世界上第一座年产9 000吨的合成氨厂，极大地满足了社会需求。合成氨在化学工业史上意义重大，是基础理论在工业上成功运用的典范，还开创了化工高压技术。此外，合成氨过程中出现的问题也向理论化学提出了要求，推动了基础理论的进一步发展。

《皇舆全览图》测绘工程启动

在中国历代皇帝中，康熙素以热心研习和倡导科学著称于世。传教士利玛窦和张诚带来的《坤舆万国全图》与亚洲地图令他艳羡不已，1689 年中俄《尼布楚条约》的签订更使他亲身感受到了地图的重要性。于是，自 1708 年 7 月 4 日测量长城始，康熙组织了一次规模空前的全国地图测绘工作。

这次测绘工作，以 10 位传教士为主，组成数支小分队，奔赴全国各省区，对山水城郭逐一用天文观测和三角测量等西法测量。纬度主要通过观察太阳午正高弧或用天极高度、恒星中天高度测定，经度则主要采用月食经度法即在不同地点观察月食的食差来推算。前后共测得经纬点至少有 641 个。1718 年，《皇舆全览图》终于绘成。

该图先后制成木版、铜版和小页本三种版本。木版初刻本包括 1 幅总图、28 幅省或地区图，修订后，分图增至 32 幅，而且西藏边缘标注了珠穆朗玛峰；铜版采用正弦曲线等积伪圆柱投影，1∶140 万的比例尺，纬度 5° 为 1 排，共 8 排，41 幅；小页本按省府绘制，计 227 页，未绘经纬线，只包括内地诸省。

《皇舆全览图》不论在测绘规模还是在科学性上，都在当时世界上首屈一指：它最早采用了以子午线上每度的弧长来决定长度标准；它因采用三角测量而使图中各地点的相对位置较精确；它首次发现经线 1 度的长度不等而为地球椭圆提供了新证据。此外，这次长达 10 年的测绘是一次大规模的西学东渐。传教士在把西方先进的地图地理学知识较全面地输入中国的同时，还在直接参与测绘的 200 多位中国人中间，培训了一批掌握西方测绘知识和方法的人才。

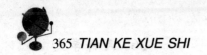

牛顿科学巨著《自然哲学的数学原理》出版

1686 年 7 月 5 日出版的《自然哲学的数学原理》是牛顿最重要的科学著作，也是经典力学的第一部划时代著作。它给出了近代科学诞生以来第一个完整的宇宙论和科学理论体系。

《自然哲学的数学原理》是牛顿经过 20 年的思考、实验、大量的天文观测和无数次演算的结晶，它从最基本的定义和公理出发，是一种标准的公理化体系。在序言中，牛顿制定了一个用力学解释所有物理现象的纲领。《自然哲学的数学原理》由一个序言和两大部分组成：第一部分包括定义、注释和运动的基本定理和定律，定义有质量、动量、外力等；在注释中，牛顿赋予了时间、空间、运动以绝对意义。第二部分共分三篇，第一篇运用前面确立的基本定律研究引力定律。第二篇讨论物体在介质中的运动力。第三篇冠以总题目"论宇宙体系"，是牛顿力学在天文中的具体应用，其中讨论了海潮、岁差和宇宙系统等问题，同时给出了"哲学中的推理规则"。

该书出版后，震动了整个英国和欧洲学界。哈雷彗星的如期出现，岁差现象的合理解释，G 值的测定，无可辩驳地验证了万有引力定律的正确性。

牛顿在《自然哲学的数学原理》中讨论的问题及其处理问题的方法，至今仍是大学数理专业中讲授的内容。其影响所及遍布自然科学的所有领域，无论从科学史还是从整个人类文明史上来看，迄今为止，还没有第二个重要的科学或其他学术理论取得如此之大的成就和影响。

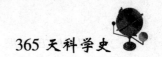

海森伯创立矩阵力学

海森伯（Werner Heisenberg，1901～1976）是德国著名物理学家，矩阵力学的创始者。

1925 年 7 月 6 日，海森伯发表了《关于运动学和动力学关系的量子论的重新解释》一文，为矩阵力学奠定了基础。海森伯之所以要创立一种新的理论，原因基于以下两点：（1）他认为一种理论应该建立在可观察量的基础之上，而旧的量子论中包含了电子的不可观察量，比如电子的位置和绕转周期等。（2）他认为对应原理一开始就应以严格的形式出现，而不应像在旧量子论中，对应原理是作为避免经典困难而使用。

海森伯的论文从三个方面对这一新的理论作了阐述：第一部分给出了量子论的运动学表述式；第二部分给出了量子论的动力学表述式；第三部分讨论了一个简单的非谐振子的应用例子。

海森伯的论文在完成之后，他自己对这套新的数学方案也没有太大把握。后来，在泡利的鼓励下，他把论文交给了玻恩，以确定是否有价值发表。玻恩在看到他论文中的乘法规则时也感到困惑不解，后来经过 8 天的苦思冥想，终于弄清楚了海森伯用来表示观察量的二维数集就是矩阵元。玻恩很快就把这篇重要的论文推荐给了《物理学杂志》。为了给这一理论建立一套严密的数学基础，玻恩和擅长矩阵运算的哥廷根大学的约尔丹合作，于 1929 年 9 月写出了长篇论文《论量子力学》，后来他们又与海森伯合作于 11 月写出了《论量子力学Ⅱ》。

矩阵力学成为了和波动力学同样有效但形式迥异的一种全新的理论。后来经薛定谔证明两者在数学上是等价的，矩阵由薛定谔的本征函数构成，反之亦然。海森伯也因这一伟大的理论而荣获了 1932 年度诺贝尔物理学奖。

梅曼获得激光

听到激光这个词，大家可能有些害怕，因为它让人想起了星球大战中太空战士的利器，或者是手术台上医生的手术刀。但是，激光并不总是伤人的武器，它也存在于我们的日常生活中，比如说全息照片等。

激光的理论基础早在 1916 年就已经由爱因斯坦奠定了。他以深刻的洞察力首先提出了受激辐射这套全新的理论。1958 年，汤斯和肖洛在《物理评论》杂志上发表了他们关于《受激辐射的光放大》（即 LASER）的论文。但是汤斯教授和肖洛并没有在此基础上继续进行研究和实验，这项研究的成果启示了西奥多·梅曼（T. H. Maiman）。

梅曼是美国加利福尼亚州休斯航空公司实验室的研究员。在梅曼开始建造他的红宝石激光器之前，有人断言红宝石绝不是制造激光的好材料，而肖洛也支持这种观点。这使得很多人中止了用红宝石来制造激光的尝试，但梅曼却怀疑这个说法。为此，他花了一年的时间专门测量和研究红宝石的性质，终于发现上述论断所依据的基础是错误的，而红宝石确是制造激光器的好材料。从此他着手建造世界上第一台激光器。他的准备工作十分的详细完备，他选用掺钕红宝石晶体作为工作物质，以脉冲力作为光泵。1960 年 7 月 7 日，梅曼在加利福尼亚的休斯航空实验室进行了人造激光的第一次实验，当按钮按下时，第一束人造激光就产生了。这样，世界上第一台激光器——红宝石激光器诞生了。这束红色激光标志着人类文明史上一个新时刻的来临。

《罗素—爱因斯坦宣言》公开发表

20 世纪中叶，氢弹在美国和前苏联的相继研制成功，拉开了大国之间核军备竞赛的序幕，人类的生命安全受到了空前严重的威胁。著名英国哲学家和数学家罗素洞察到，要制止这场以科技为后盾、结局对战争双方必然是灾难性的军事竞赛，必须率先唤起科学界的警醒和重视。于是，1955 年初他致信爱因斯坦，建议举行世界科学家会议，讨论废止战争问题。爱因斯坦欣然同意，并请罗素预先起草一份宣言，当年 4 月 11 日，爱因斯坦于逝世前两天在宣言上签名；接着来自 6 个国家的 9 位著名科学家也在宣言上签了名。

1955 年 7 月 9 日，这份被称为《罗素—爱因斯坦宣言》的文件在伦敦卡克斯顿厅举行的记者招待会上予以公布。《宣言》指出，一般公众甚至许多当权者并没有认识到，如果使用了许多颗氢弹，其结果将是普遍的死亡。人类已经到了是走向灭亡还是断然弃绝战争二者择一的非常时刻。有必要敦请各国政府认识到并公开承认：每一个国家的目的都不能通过世界大战来达到，必须寻求和平办法解决一切国际争端。

1957 年 7 月，《宣言》主张召开的科学家大会在加拿大的一个小渔村——普格沃什召开。包括我国科学家周培源在内的来自 10 个国家的 22 名科学家出席了会议。会议在原子战争的危害、核武器的控制和科学家的社会责任等问题上取得了积极成果。以后普格沃什会议大约每年举行一次，世界各国越来越多的科学家和热爱和平的人士踊跃参加会议或成立分支组织，以致形成了一场声势浩大的普格沃什和平运动。

斯科普斯审判案

早在 1885 年为达尔文的铜像举行揭幕典礼时，英国坎特伯里大主教就不得不公开承认进化论学说与《圣经》的教义一点也没有冲突。但"圣经与科学"的大战并未就此结束。几十年过后，斯科普斯审判案再一次显示，宗教对进化论的反对一如从前的顽固。

美国田纳西州于 1925 年 3 月通过了一项臭名昭著的"巴特勒法案"，禁止在公立学校讲授进化论。反对这项法案的人便制造了一次试验性的诉讼事件，该州戴顿中学 24 岁的生物教师约翰·托马斯·斯科普斯自愿担起被告的角色。他在课堂上说，人类是从古代类人猿进化来的，可以说是黑猩猩的亲戚。有的学生回到家里，不免好奇地谈论这一新观点，这激怒了一些虔信基督教的家长。不久，他遭到起诉。

审判从 1925 年 7 月 10 日持续到 7 月 21 日，轰动一时。纽约人权同盟为被告请来了美国最著名的律师克拉伦斯·达罗，而担任起诉的律师是三次被提名为美国总统候选人的威廉·詹宁斯·布赖恩。审判过程中，达罗尖锐有力的诘问暴露出布赖恩对科学知识的无知，使其狼狈不堪。但达罗达到了他的目的后，竟爽快地承认他的委托人的确是违反了州法。审判结果，斯科普斯被判有罪并课以 100 美元罚款。斯科普斯不服，提出上诉，最终，罚款也因"法律上技术的细节"免于追究。

表面看来，进化论者败诉了，但他们赢得了更多的钦佩，布赖恩和他的支持者则被视为愚拙可笑的偏执狂。后又经过记者们的渲染，一般认为，进化论者赢得了这宗诉讼，并导致了巴特勒法案等类似法案的寿终正寝。实际上，由于害怕争论，教科书出版商被迫回避引述进化论的内容，讲授进化论在多年以后依旧是个敏感问题。

卡末林·昂内斯液化氦一举成功

1898 年，英国物理学家杜瓦克服重重困难，首次液化了氢气，为低温物理的发展迈出了重要的一步。直到 1908 年 7 月 10 日，荷兰物理学家昂内斯终于征服了氦。他把杜瓦方法推进了一步，利用液态氢在压力下将氦冷却至 –255℃（18K），然后让氦膨胀来进一步冷却其自身。借助此法，他液化了氦。然后再让液态氦蒸发，温度进一步下降，在常压下可液化氦（4.2K）。这个温度可使所有其他物质都是固体。他甚至将温度降至绝对温度 0.7K，真正逼近了绝对零度，所以昂内斯的朋友都风趣地赠给他一个头衔"绝对零度先生"。昂内斯由于这项低温的研究而得到了 1913 年的诺贝尔物理学奖。

物理学家致力于低温研究，主要是为了研究物质在低温时的性质。杜瓦发现，金属的电阻随温度的降低而减小。能斯特的工作表明，纯金属的电阻最终在绝对零度消失。昂内斯在液氢的温度下测量了金属物质金、汞、银、铋等的电阻，发现不同金属的电阻是温度的函数。在 4.2K 时，由于出现了超导性，电阻突然消失了。

纯度不同的金属在低温下电阻变化不同，金属越纯，随着温度的降低，其电阻就变得越小。昂内斯继续在液氦温度下，测量了汞。因为汞在室温下为液态，易用蒸馏法获得很高的纯度。这次测量的结果使昂内斯大为惊讶。1911 年 4 月 28 日，卡末林·昂内斯发表了一篇题为《在液氦温度下纯汞的电阻》的论文，向世界宣告："纯汞能够被带到这样一个状态，其电阻变为零，或者说至少觉察不出与零的差异。"人们第一次看到了超导电性。

戴维发现氯

在科学史上，一项发明足以使一个科学家名垂史册。英国化学家戴维却有好多项这样的发明。但日本化学史家山冈望说："从化学史来看，戴维能够享有很高的荣誉，并将永记史册的是关于氯的研究。"氯的发现发生在1810年7月12日。

舍勒是氯气的第一个发现者，但他没有把氯看成一种单质。舍勒之后，贝托雷经研究发现，在有光照的地方，溶有氯气的水溶液分解成盐酸和氧，他便武断地断定氯是由盐酸和氧化合生成的，实际上他忽视了水的作用。

1809年，盖·吕萨克与泰纳用合成法证明了盐酸的组成。他们把同量的氢气和氯气混合，静置数日，结果生成了盐酸气。但遗憾的是，法国化学家拉瓦锡在提出燃烧理论时，也提出了"氧是成酸元素"的论点。盖·吕萨克和泰纳深信这个观点，他们也认为氯是某种"基"的氧化物。

1810年，戴维开始做氯气分解实验。在用干电池将木炭烧至白热仍没使氯气分解时，他开始怀疑氯气中含有氧的说法。他又重做用氢气和氧气合成盐酸的实验，他发现盐酸生成后，除了稍有水的痕迹外，没有其他的杂质。实验没有发现氯气或盐酸中有氧的存在。戴维认为只有把氯看作一种元素，有关氯的所有实验才能得到合理的解释。这年11月，戴维在英国皇家学会宣读了他的论文，正式提出氯是一种元素。

后来，化学发展的新事实也充分证明了戴维的这一结论的正确性。关于拉瓦锡提出的"一切酸都含有氧"的论点，也得到了纠正。

英国皇家学会成立

英国皇家学会全称"伦敦皇家自然知识促进学会",成立于 1660 年 7 月 15 日,是世界上历史最长的科学学会。

作为一个独立的学术机构,皇家学会的主要职能是:首先,对国家的科学技术发展、科研经费和人事任免等事项给政府提供咨询并就公众关心的热点科技问题向公众提供咨询。近年来,皇家学会组织一流科学家,就生化武器、全球气候变暖、转基因作物等热点问题进行研究,出版了许多面向公众的科普性宣传材料,这些活动对提高公众的科技意识,引导公众公正、客观地看待科学问题,加深公众与科学界的相互信任与理解,发挥了很好的作用。其次,资助科学考察和调查,促进国际交流与合作。皇家学会推出了多项支持科学研究的专项计划并为一些富有开发价值的研究成果提供资助。每年通过拨款支持的国际访问和国际合作项目达 3000 多个。第三,学会每年还组织专题研讨会或大型科学会议,出版科学刊物。皇家学会主要出版《伦敦皇家学会哲学论文集》和《伦敦皇家学会会议论文集》。第四,授予称号,出资举办讲座以及颁发奖金、奖章等。英国皇家学会每年都要选拔一批优秀的科学家成为皇家学会会员,以此来推动尖端科技的发展。

许多著名的科学巨匠,如牛顿、爱因斯坦、霍金等都是皇家学会会员。自 1915 年以来,皇家学会的历任会长都是诺贝尔奖金获得者。目前,皇家学会共有会员 1300 多人,其中包括 65 名诺贝尔奖获得者。对科学界而言,能成为英国皇家学会会员是极高的荣誉。

世界上第一颗原子弹爆炸成功

1945 年 7 月 16 日在 J・R・奥本海默博士领导下，美国成功实现了世界第一颗原子弹爆炸。

1939 年，物理学领域里的原子分裂实验就已在德国取得成功。"二战"前夕，为逃避德国法西斯迫害而移居美国的一些科学家，担心德国抢先造出原子弹，推举出爱因斯坦上书美国总统罗斯福，建议利用核裂变过程来制造超级炸弹。罗斯福总统采纳了爱因斯坦等科学家的建议，下令成立研究原子武器的委员会。美国政府授命格罗夫斯负责此项工作，以"曼哈顿工程"作为该计划的秘密代号，由美国陆军工兵部队全面负责研制原子弹，并聘请罗伯特・奥本海默担任制造原子弹的洛斯阿拉莫斯实验室主任。奥本海默在设计原子弹、计算其爆炸所需要的临界质量以及原子弹的起爆方法等方面，都曾提出许多的远见卓识。该计划投资 25 亿美元，动用 10 多万科技人员和工人，在绝对保密的情况下加紧研制。

珍珠港事件发生后，美国加速了研制原子弹的进程。1942 年 6 月，又批准了由布什提交的核计划报告。在艰苦的条件下，经过近 3 年的努力，世界上第一批原子弹终于研制成功。1945 年 7 月 16 日 5 点 30 分，放置在一座 30 米高的钢塔之巅的第一颗原子弹——"大男孩"在美国新墨西哥州阿拉默多尔空军基地的沙漠地区爆炸成功，其威力相当于 1 500 2 000 吨 TNT 炸药。试验成功了，威力巨大的原子弹从此诞生，它的问世是 20 世纪影响人类历史进程的一项重大科技成就，从此，人类进入了核时代。

居里夫人发现钋

　　贝克勒尔1896年发现铀盐自身能发出一种未知的完全不同于阴极射线、X射线的神秘射线后，吸引了一些杰出的物理学家。当时居里夫人不顾孱弱的身体而选择了这个困难的课题作为她的博士论文，居里夫人奋战了6年，才完成了这篇杰出的论文。

　　居里夫人定量测量了铀辐射的强度，认为："放射性是铀本身的原子特性。"然后致力于寻找哪些物质能发出类似铀的辐射。在分离放射性物质时，她发现沥青渣中的放射性要比提炼后含铀产品所具有的放射性强好几倍。据此居里夫人推想矿渣中必定存在一种新的放射性元素，其放射能力比铀、钍都要强得多。这个想法一提出来就遭到一些科学家的攻击，但这丝毫没有动摇她的信心，她的丈夫也放下手头的课题投入了寻找新元素的工作。居里夫人从奥地利政府那里得到了1吨废矿渣，那是从国家生产铀的一家工厂弄来的，矿渣里仍有很强的放射性。他们在简陋的棚屋里从成吨的铀矿渣中分离含量仅占百万分之一的新元素，其工作量之大，条件之艰苦可想而知。1898年7月18日，他们发现了比铀的放射性强400倍的新物质，为纪念居里夫人的祖国波兰，命名为"钋"。1903年，她与丈夫及贝克勒尔共同分享了诺贝尔物理学奖。

　　由于长期受到放射线的照射，居里夫人染上了恶性贫血病，1934年7月4日于法国去世。爱因斯坦在悼念居里夫人时说："居里夫人的品德力量和热忱，哪怕只有一小部分存在于欧洲知识分子中间，欧洲就会面临一个比较光明的未来。"

开普勒形成他的宇宙模型框架

1595 年 7 月 19 日，一个由五个规则多面体装备在一起构成的宇宙模型降临在开普勒的头脑之中。开普勒认为，可以用几个正多面体来连接行星的轨道以度量行星轨道的数目和轨道之间的距离。他指出：一个十二面体外切地球轨道，内接火星轨道；一个四面体外切火星轨道，内接木星轨道；一个立方体外切木星轨道，内接土星轨道；把一个二十面体放入地球轨道内，内切它的就是金星轨道；把一个八面体放入金星轨道内，内切它的就是水星轨道。开普勒认为：这些多面体和圆轨道环环相扣形成一个和谐的宇宙结构的几何模型。由于几何图形中只能有五个正多面体，因而行星也只有六个。这样设计的模型中行星轨道之间的距离与哥白尼的计算值基本相符。

在这一宇宙模型形成时，开普勒还不满 24 岁（他生于 1571 年 12 月 27 日）。从这一模型所体现出的思想观点中可看出他早期科学活动的主要特点和倾向。一方面，开普勒受了柏拉图神秘主义思想的影响，一直想在哥白尼的体系中寻找一种数学的和谐；另一方面，这一宇宙模型的建立，从一个侧面反映出他卓越的数学才能。开普勒的这一宇宙模型发表在 1596 年出版的《宇宙的神秘》一书中。

第谷·布拉赫看了开普勒的《宇宙的神秘》一书后，深为他的天文知识和数学才能所吸引。1600 年第谷邀请他到自己的观象台从事研究工作，协助自己整理观测资料和编制星表。1601 年第谷逝世后，开普勒接替第谷成为皇家数学家，因此成了第谷事业的法定继承人。正是由于有了第谷的权威观测资料，才使开普勒日后成为"为天空立法"的人。

人类首次登上月球

1969 年 7 月 20 日，美国宇航员阿姆斯特朗和奥尔德林登上月球，实现了整个人类走出地球进入地外空间的一次飞跃。

1969 年 7 月 16 日，阿波罗 11 号飞船载着阿姆斯特朗、奥尔德林和柯林斯三名宇航员从佛罗里达州的肯尼迪航天中心起飞，20 日中午到达月球轨道。在月球上空 100 千米处，地面控制中心指示登月行动开始，阿姆斯特朗和奥尔德林驾驶着被称为"鹰"的登月舱与母船分离，向月球飞去，柯林斯则留在母船上绕月飞行。

美国东部时间下午 4 时 17 分 40 秒，"鹰"在月面上"静海"西南部安全降落。阿姆斯特朗率先走出了登月舱。一步一步走下了台阶，在月球上留下了地球人的第一个脚印。他后来说："这一步，对一个人来讲只是一小步，而对整个人类却是一次飞跃。"

奥尔德林紧跟其后也踏上了月球，他们在月球微弱引力下一跳一跳的走动。这是一个荒凉冷寂的世界，没有生命，甚至没有一丝绿色，空中的地球像一个圆盘悬挂在林立的高山丛中。两位宇航员将一块特制的金属牌竖立在月面上，上面写道："公元 1969 年 7 月，来自行星地球的人类首次登上月球，我们为和平而来。"在月球上逗留两个半小时后，阿姆斯特朗和奥尔德林驾驶"鹰"离开月球，升到空中与柯林斯驾驶的指令舱实现对接，然后开始返回地球。7 月 24 日，飞船重新进入地球大气层，不久后安全降落在太平洋上。至此，阿波罗载人登月计划顺利完成。

美国宇宙飞船发回火星天气报告

1976 年 7 月 22 日，美国"海盗－1 号"宇宙飞船从距地球 7 854 万千米的火星上发回天气报告说，火星上有一级风，气温在华氏 122～22 度之间。

1975 年 8 月 20 日，美国在佛罗里达的堪培拉海角由泰坦（Tl—TAN 3E）运载火箭将重为 3 399 千克的"海盗－1 号"（VIKlNG 1）顺利发射升空，其上包含运行于轨道的太空探测船以及可供脱离登陆的无人登陆艇。"海盗－1号"于 11 个月后的 1976 年 7 月 20 日在事先选定的火星上最有希望存在生命的地区成功地实现了软着陆，并于 7 月 22 日发回天气报告。从火星探测者发回地面的照片和各项数据所提供的实况看，火星也是一个荒凉世界，它的表面有许多环形山、陡壁和峡谷；那里的空气十分稀薄，大气的压力只有 7.5毫巴；大气中的 95% 是二氧化碳，氮占 2.7%，氧气不到 0.1%，还有微量的氩水汽。奇怪的是：空气虽然是如此的稀薄，却时时会出现"全球性"的大尘暴，且持续可达数月之久。同时，温度时常低到零下 100 多摄氏度。科学家说：在这样的环境下，生命存活是非常困难的，老鼠只能活几秒钟；乌龟能活 6 小时；青蛙的存活期可以长一些，但也只能活上 25 小时……

"海盗－1 号"向地球送回了许多珍贵的照片，显示出火星表面是一片橙色的沙石，天空也呈现出一片橙红色。据科学家分析，火星的沙尘是由红色的氧化铁组成，因而我们看到的火星是一颗红色的星球。

"海盗－1 号"轨道探测船于 1980 年 8 月 17 日环绕 1 400 圈后停止传送讯号，1982 年 11 月 13 日登陆艇亦失去联系。

亥姆霍兹作《论力的守恒》演讲

赫尔曼·路德维希·费迪南德·亥姆霍兹（Hermann Ludwig Ferdinand Helmholtz, 1821~1894）是德国著名的物理学家和生理学家。

1842 年到 1847 年是能量守恒定律的发现时期。首先是 1842 年迈耶发现能量守恒定律，并测量了热功当量；随后，焦耳、亥姆霍兹分别于 1843 年、1847 年独立发现了能量守恒定律。亥姆霍兹还通过实验研究了肌肉作用的热现象，并发表了《论肌肉作用中物质的消耗》这篇论文。通过这一系列理论与实验上的准备工作，他于 1847 年 7 月 23 日在柏林物理学会作了题为《论力的守恒》的演讲。他不仅从实验上而且从理论上表述了能量守恒定律，并且给出了具有说服力的证明。亥姆霍兹扩大了能量守恒定律的应用范围，使之不仅仅局限于机械能和热能；另外，他还指出了这一定律的普适性：包括力、热、电、生理等所有过程都遵守能量守恒定律。

由于亥姆霍兹大学是在医学院学习的，所以他一生很多研究成果都是物理学与生理学相结合的产物。他开创了音乐物理学这一领域，并发表了很多这方面的论文，比如《论结合音》（1856）、《论谐和音程和不谐和音程的物理原因》（1858）、《论元音的音质》（1859）、《论开口管的振动》（1859）、《论小提琴的弦振动》（1860）、《论乐音的感觉——音乐理论的生理学基础》（1863）等。

李政道曾这样评价亥姆霍兹：物理与音乐共鸣，声波与科学交响。亥姆霍兹用科学家的头脑和艺术家的心灵真正把艺术与科学、音乐与物理紧密地、有机地融为一体。

美国"阿波罗"宇宙飞船计划结束

1969 年 7 月 24 日，随着阿波罗飞船指令舱在太平洋上安全降落，耗资巨大、历时数年的美国"阿波罗计划"顺利结束。

早在 1961 年，美国总统肯尼迪就向全世界宣布："美国要在十年内，把一个美国人送上月球，并将使他重新回到地面。"从此，美国雄心勃勃的"阿波罗登月计划"开始实施。

阿波罗登月计划共分为三步：第一步称为"水星计划"，将宇航员送上太空，测试人在太空中的活动能力；第二步叫"双子星座计划"，主要目的有两个，一是测试人在太空中长时间停留可能引起的生理问题，二是测试航天器在太空中进行对接，从而奠定登月技术的基础；第三步是"土星计划"，即制造能将载人飞船送出地球进入月球轨道的大动力火箭，最终完成登月计划。

阿波罗计划虽然有雄厚的技术做后盾，但整个实施过程还是极为大胆和高度冒险的。1967 年 1 月 27 日，第一艘阿波罗飞船在做模拟实验时，因太空舱起火导致三名宇航员丧生。为实施这一计划，政府动员了 40 多万人、约 2 万家公司和研究机构、120 所大学，共耗资达 250 亿美元。在付出了巨大代价后，终于在 1969 年 7 月 20 日将两名宇航员送上了月球。此次阿波罗计划完成后，美国又相继进行了 5 次登月飞行，共有 12 名宇航员成功登上了月球。

阿波罗登月计划在人类文明史上具有划时代的意义，它首次将人类文明带进了地外空间，显示了人类文明的伟大成就。从此，人类的地外空间时代开始了。

"DNA 黑暗女神"罗莎琳德·富兰克林诞生

沃森和克里克于 1953 年发现 DNA 的双螺旋结构，为分子生物学奠定了基础，他们也因此和威尔金斯共享了 1962 年诺贝尔奖的荣光。然而，很少有人记起这一里程碑式的工作中另外一位功不可没的科学家——富兰克林。

罗莎琳德·富兰克林，出色的物理化学家、结晶学家和 X 射线衍射技术专家。1920 年 7 月 25 日生于伦敦一个富裕的犹太家庭，15 岁就立志要当科学家，1941 年毕业于剑桥大学物理化学专业，后从事煤炭分子结构研究并于1945 年获博士学位。"二战"后，她前往法国学习 X 射线衍射技术，1951 年回国，在伦敦大学国王学院同威尔金斯一起研究 DNA 结构。

当时人们已知 DNA 可能是遗传物质，但对其结构及作用机制还不甚了解。1951 年，富兰克林成功拍摄出一张高清晰度的 X 射线衍射图，具有明显螺旋结构特征。她做出了 DNA 单位分子的完整空间描述，并且发现 DNA 具有双链螺旋结构，磷酸基团位于分子外侧，碱基位于内侧。

此时，剑桥大学的沃森和克里克也在进行此项研究。1953 年初，威尔金斯在富兰克林不知情的情况下给来访的沃森看了那张照片及测量数据。他们据此获得启发，立即悟到 DNA 的结构并于两周后搭建出双螺旋模型。但直至报告发表他们也没告知或提及富兰克林。1953 年 3 月，当富兰克林将研究结果整理成文打算发表时，才发现 DNA 结构被破解的消息已出现在新闻简报中。当沃森等人获诺贝尔奖时，富兰克林已于 1958 年因病早逝，自然不在受奖之列。

上世纪末，富兰克林这位"DNA 黑暗女神"逐渐得到科学界认可：伦敦大学国王学院把新建的一座大楼命名为"富兰克林·威尔金斯"大楼，英国皇家学会也设立"富兰克林奖章"，以奖励在科研领域做出重大贡献的科学家。

第一个试管婴儿诞生

1978 年 7 月 26 日，从英国兰开奥德姆医院传出一个举世震惊的消息，一个叫路易丝·乔利·布朗的试管女婴诞生了。

试管婴儿并不是指胎儿发育的整个过程都在试管内完成，而是由亲体获得生殖细胞，即从母体得到成熟的卵细胞后，将其保存在一种特制的孵卵器内，然后，将父体的精子与卵子混合，进行体外受精。受精卵培育 1 ~ 2 天后，分裂成大约 8 个细胞的胚胎时，再移入母体子宫内，继续发育直至妊娠。

世界上，约有 10% 的家庭为不育症所困扰，且发病比例正在不断上升。对于生育有困难的不育夫妻，特别是那些生殖细胞正常，只是因为生殖系统的附件有病，导致卵子不能正常受精的夫妇，这无疑是个福音。

但随着试管婴儿技术的广泛应用，逐渐引起人们对它所导致的伦理和法律问题的关注。由于现代医疗技术能够在胚胎移入母体之前就检测出性别，所以许多社会学家担心出现对性别的人为控制，从而导致人类社会的性别失衡。另外，还有可能会出现利用该技术进行商业经营，出现"代母"、"代孕"等现象，给婴儿的归属带来伦理和法律问题。而且，当该技术被不道德的人利用时，则会给人类带来更大的灾难。

尽管，试管受孕技术受到了一些非议和谴责，但它对医学的贡献是不容置疑的。对试管婴儿的研究，使人们对生殖生理有了更深的认识；另外，由于癌细胞的分裂与胚胎细胞的分裂极为相似，也有助于人类对癌症的了解；还可以帮助人们找到更好的避孕方法。至今，世界上已经拥有超过 5 位数的试管婴儿，1988 年在北京医科大学附属医院，我国的第一例试管婴儿也诞生了。

世界上第一种涡轮螺旋桨客机
"子爵号"投入飞行

1918 年，巴黎—伦敦之间和纽约—华盛顿—芝加哥之间已有了定期邮政航班，这便是最早的民用航空业。为民航业专门设计的客机则出现于 1919 年，英国德·哈维兰公司将 D·H·4 轰炸机改装成民用客机。1930 年左右，欧美各国普遍建立航空公司，以便在各个中心城市之间开展航空业务。但这些航空公司所使用的飞机几乎都是由轰炸机或观察机改装而来，只不过是将敞开式的座舱封闭起来并安上座椅而已。

"二战"以后，国际形势黯淡，很多西方国家仍将较多的注意力放在军用航空方面。1947 年美国海军开始研究垂直起降飞机，但很快发现，没有一种涡轮喷气发动机可以作为垂直起降飞机的主要动力，看来最合适的只能是涡轮螺旋桨发动机了。这种发动机的开发相当顺利，重量轻、效率好、燃油消耗率低。

尽管对军用航空给予了较多关注，世界绝大部分地区的民用航空仍取得稳定发展。客货运输增长，新航线开通，地面设施和服务得到发展，多数航空公司由战后扩张产生的财务危机中进一步恢复。在这种情况下，军用航空对涡轮螺旋桨发动机的开发技术也引入了民航事业。

英国维克斯公司（现英国动力公司）使用涡轮螺旋桨喷气发动机研制成功了世界上第一架涡轮螺旋桨喷气式客机——"子爵号"。1950 年 7 月 29 日，英国欧洲航空公司使用"子爵号"用 57 分钟时间从伦敦飞抵巴黎，实现载客飞行，开辟了喷气式客机的第一条航线。"子爵号"又在繁的 8 月共飞了 37 个往返，其后又在伦敦与爱丁堡之间的国内航线上作了 8 个往返飞行，载运了 1500 多名乘客。

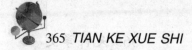

　　涡轮螺旋桨飞机在定期商务飞行中经受了最初的考验，后在航空界被普遍重用，它的出现，是民用航空技术的重大发展，自此以后，民航事业迅速崛起。

爱迪生申请到电影摄影机的专利权

托马斯·阿尔瓦·爱迪生是举世闻名的美国电学家和发明家,一生共有约两千多项发明,为人类的文明和进步做出了巨大的贡献。1889 年,他第一次在实验室里试验电影并于 1891 年申请了专利。1903 年,他的公司摄制了第一部故事片《列车抢劫》。爱迪生为电影业的组建和标准化做了大量工作,被称为"现代电影之父"。

早在 1885 年,美国的古德温发明了赛璐珞胶卷后不久,爱迪生就想到将这种胶卷用于电影。1889 年,爱迪生发明了一种摄影机。这种摄影机用一个尖形齿牙轮来带动 19 毫米宽的未打孔胶带,在棘轮的控制下,带动胶带间歇式移动,同时打孔。这种摄影机由电机驱动,遮光器轴与一台留声机连动,摄影机运转时留声机便将声音记录下来。在此基础上,又发明了一种活动摄影机。1891 年 5 月 20 日,第一台成功的活动电影视镜在新泽西州西奥兰治城的爱迪生实验室向公众展示。这种改装型的机器内装一台电动机,可使 50 英尺长的胶卷从供人们观看的放大镜下通过。投入硬币,启动马达,即可放映半分钟左右,供一人观看。同年 7 月 31 日,爱迪生在美国申请了活动电影放映机专利。1893 年,爱迪生实验室的庭院里建起了世界上第一座电影"摄影棚"。1896 年他还用留声机为他的活动电影观赏机配上了声音和音乐。

电影的出现,引起了普遍的惊异。人们简直把这次演出当成奇迹。活生生的雨伞舞令人目瞪口呆,银幕上的惊涛骇浪使人害怕,杂要节目的再现使人心旷神怡,飞裙舞的表演也让人神采飞扬。电影的发明无论在技术史还是文艺史上都是一件大事。爱迪生为电影的兴起和发展奠定了重要的、不可缺少的基础。

普列斯特里制得氧气

"当真理碰到鼻尖上的时候还是没有得到真理",这句话用来形容英国化学家普列斯特里(Joseph Priestley, 1733~1804)再合适不过了。"气体化学之父"普列斯特里以制得氧气闻名于世,但他一生笃信燃素说,认为燃素是燃烧现象的根本原因,空气能助燃是因燃素尚未饱和,而他所制得的助燃能力更强的气体被称为"脱燃素空气"(即氧气),以至他与氧的发现擦肩而过。

尽管普列斯特里没能发现真理,但他却用杰出的实验技能为真理的发现铺设了道路。他进行了大量实验,在1774年8月1日的氧气实验中,他把装有少量氧化汞的试管放入水银槽中,开口朝下,下面用直径为12英寸、焦距为20英寸的聚光镜加热,收集到无色无味的气体。此气体不溶于水,蜡烛在其中燃烧发出特别明亮的光,生活在其中的老鼠寿命大大增加。在实验纪录中他是这样描述的,"我把老鼠放在'脱燃气'里,我发现它们过的非常舒服后,我自己受了好奇心的驱使,又亲自加以实验,""我自己实验时,是使用玻璃吸管从放满这种气体的大瓶里吸取的。当时我肺部所得感觉和平时吸入普通空气一样;但自从吸过这种气体以后,经过好多时候,身心一直觉得十分轻快舒畅,有谁说这种气体将来不会变成通用品?不过现在只有两只老鼠和我,才有享受这种气体的权利罢了。"

这段记录使我们更加了解他的实验过程和他献身科学的精神。他的亲身尝试确定了氧气对人体的价值,为氧气在医疗中的广泛应用奠定了基础,如今他的预言已部分实现,氧气已经成为高档的保健品、奢侈的日用品了。

安德逊发现正电子

卡尔·戴维·安德逊（Carl David Anderson，1905~），美国物理学家，美国加州理工学院物理教授密立根的学生。从1930年起，安德逊开始负责用云室观测宇宙射线。云室的设计很巧妙，室中加了一块6毫米厚的铅板，来减慢粒子的运动速度，并增加粒子的路径曲率，将云室放置于磁场中，并用快速的方法拍下粒子径迹的照片。

1932年8月2日，安德逊在照片中发现一条特殊的轨迹，与电子的轨迹相似，却有相反的方向。根据由实验中观测的粒子径迹的长度、粗细、曲率半径以及磁场的强度、方向等数据，得出粒子电荷为正，且与电子有相同的质量的结论，这就是狄拉克曾从理论上预言存在的正电子。

正电子的发现，很快引起了人们的广泛关注。后来实验证明，不只在宇宙射线中，而且在某些有放射性核参加的核反应过程中，也可以找到正电子的轨迹。实验发现，正电子与负电子总是成对出现，因为具有相同质量，相反极性的电荷，所以在磁场中的径迹总是呈现一对半径相同但取向相反的圆，并且正电子在运动过程中遇到负电子会发生湮灭。

电子对的产生和湮灭，使人们认识到，"基本粒子"不再包含"基本的"和"不可再分"的内涵了。在适当的条件下，正负电子可以成对的产生或湮灭，也就是说基本粒子可以互相转化，物质的各种形态可以互相转变。人们开始想象是否存在其他的反粒子，如反质子、反中子，或者在遥远的宇宙深处，还有一个不为我们所知的反世界。就像一面镜子，有一个反物质组成的自我在同一个时间做着同样的事情。

哥伦布美洲探险起航

1492 年 8 月 3 日，哥伦布率三艘大船由西班牙巴罗土港顺风起航，开始了发现新大陆的伟大探险。

哥伦布是意大利人，在葡萄牙学习航海知识，参加远洋航行，熟练掌握了多种航海技术。他接受了大地是球形的观念，相信从托勒密那里传下来的关于地球周长的数据，这使他坚信往西航行也可以到达盛产黄金和香料的亚洲国家，并且这条路线是到达东方的最短路径。哥伦布曾将自己的西行计划上呈葡萄牙王室，但遭到了否决。心灰意冷的哥伦布来到了西班牙，又向西班牙王室献出了自己的计划，经数年周折，终于在 1492 年得到了王室的资助，才使他的西航计划得以实行。

经过一个多月的航行后，船队于 9 月 6 日驶过加纳利群岛进入当时完全未知的大西洋海域，船员们个个胆战心惊，唯有哥伦布充满着冒险的喜悦和对成功的自信。又经过长时间的艰难航行，终于在 11 月 12 日抵达了陆地，这就是巴哈马群岛中的圣萨尔瓦多岛。但哥伦布误以为是到达了亚洲的印度，于是称当地居民为"印第安人"。哥伦布没有找到他梦寐以求的黄金珠宝，只得于 1493 年 3 月返回西班牙。此后，哥伦布又先后三次西航来到这块陆地，但仍然没有找到黄金。1506 年哥伦布在贫病交加中离世，至死都认为自己到达了亚洲大陆。

哥伦布的远洋探险行动是一次殖民行为，其功利性目的虽未达到，但在客观上却完成了一次发现新大陆的历史性创举。他的行动激发了欧洲人的探险热情和想象力。一波又一波的远洋航海，实现了对世界历史发展有重大影响的地理大发现。

道尔顿提出倍比定律

1804 年 8 月 4 日，在化学界的一片繁荣景象中，又有一颗璀璨之星——倍比定律诞生了。其创立者英国物理学家、化学家道尔顿（1766 ~ 1844）并未想把它作为单独定律发表，在他看来，倍比定律是他所倡导的原子论的必然归宿，反过来，倍比定律也从实验上进一步验证了原子论的正确性，两者相互依赖、密不可分。

在道尔顿的时代，普罗斯的定比定律已得到公认。此定律认为，物质与其他物质进行化学反应时，彼此重量比保持一定，反应生成物的组成也保持一定。道尔顿的倍比定律则进行了更进一步思考，认为两种元素化合可以得到两种或两种以上的由于组成元素的原子数目的差异而不同的物质，甲乙两种元素化合可形成几种不同的化合物，在这些化合物中，与一定重量的甲元素化合的乙元素的重量总保持简单的整数比。

这只是道尔顿根据"最简化原则"分析物质组成时所作的假设，还需要用实验来证明。他对沼气（甲烷）和油气（乙烷）进行了分析，发现结果恰好符合他的设想。后来，贝采里乌斯等化学家对化合物进行了更精确的实验分析也验证了倍比定律。

倍比定律对于原子论意义重大，由于它提供了实验依据，道尔顿的学说才很快被化学界承认。当然，道尔顿研究倍比定律中的缺点也不可避免地影响了整个原子论，主观的简单断定在先，实验验证在后，且验证的力度稍显不足，但这些缺憾都由后人进行了弥补。经过阿佛伽德罗等人的努力，原子分子学说终于成为化学的基础理论，开辟了化学发展的新局面。

第二届国际数学家大会在法国巴黎召开

1900 年 8 月 6 日，第二届国际数学家大会在法国巴黎召开，正是在这届意义非凡的大会上，希尔伯特应邀作了题为"数学问题"的报告，提出了 20 世纪数学领域中最活跃、最关键、最有影响的 23 个重大问题。

希尔伯特（David Hilbert），德国数学家。大学期间，他与胡尔维茨（A. Hurwitz）和闵可夫斯基结下了深厚的友谊，他们之间的经常交流对以后各自的数学研究产生了终生影响。

1899 年，第二届国际数学会议的筹备机构邀请希尔伯特在会上作重要发言，希尔伯特接受了邀请，并打算在 1900 年的国际数学家代表大会上作一个相称的演说。在回顾了第一届国际数学家代表大会上胡尔维茨和庞加莱的演讲之后，希尔伯特有两种想法，要么做一个为纯粹数学辩护的演讲，要么讨论一下新世纪数学发展的方向，指出数学家们应该集中力量加以解决的重要问题。在征求了闵可夫斯基和胡尔维茨的意见后，希尔伯特决然选择了第二种想法，并开始了长达 8 个月的精心准备，在这期间闵可夫斯基和胡尔维茨还帮助希尔伯特修改了演讲稿。

"我们当中有谁不想揭开未来的帷幕，看一看在今后的世纪里我们这门科学发展的前景和奥秘呢？" 1900 年 8 月 8 日，大会召开的第二天，希尔伯特以此开始了他论述数学问题的历史性演说。因时间关系，他只论述了"连续统假设"、"算术公理的相容性"等 10 个问题，后来又刊出了剩余的 13 个问题。

20 世纪以来数学发展的历史表明，希尔伯特提出的 23 个问题涉及现代数学的许多重要领域，引起了数学界持久的关注，它们的解决对 20 世纪的数学产生了重大影响。

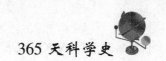

外科消毒之父利斯特发明"苯酚消毒法"

1867 年 8 月 12 日英国外科医生利斯特发明的"苯酚消毒法",被誉为 19 世纪医学史上的一次革命,他本人也获得了"外科消毒之父"的美称。

1827 年,约瑟夫·利斯特(Joseph Lister)出生在英国。1848 年在伦敦大学学习医学,1861 年他担任格拉斯哥皇家医院外科医生时,对切断术和麻醉术很感兴趣。由于当时的消毒技术十分落后,即使手术本身很成功,最终病人仍不免由于感染而死亡。有统计资料表明,当时,因"医院坏疽"引起复合骨折所进行的截肢手术,在英国多数医院中死亡率达 40%,欧洲其他国家有些医院的死亡率高达 60%。利斯特对这种状况深感焦虑,便开始了对外科消毒法的研究。1865 年巴斯德通过实验,提供了令人信服的证据,证明发酵现象是由微生物引起的。利斯特受这个结论的启发,设想感染是由于微生物引起的,开始研究防止创伤处的微生物繁殖,这标志着消毒术的萌芽。

他用了许多方法进行尝试,1867 年 8 月 12 日他试用化学杀菌剂中的苯酚为外科医生的手和外科器械消毒获得了成功,使手术后病人感染死亡率大大减少。1865 年到 1869 年间,他主管的病房中手术死亡率由 45% 降到 15% 以下。在普法战争中,他的消毒法得到广泛的应用,并取得了良好的效果。但是,当时在英国和美国医学界对此法仍表示怀疑,直至在国王学会医院用他的消毒法进行骨科手术并获得成功后,这一方法才真正被接受。此后,许多医学科学家研究出应用于手术器械、衣物、敷料、手术室、病人皮肤等的多种消毒法,如加热、化学消毒剂、紫外线照射、γ 射线照射、超声波灭菌法等。

瑞利等发现氩

日本化学史家山冈望先生说："在怀着敬慕的心情沿着前人所开拓的学术道路，领悟前人的研究动机，学习他们的研究谋略，并以他们的勤奋精神为榜样终于获得了成功的事例，在近代化学史上没有超过氩族元素的发现了。"氩元素的发现是从小数点后第三位的微小重量——0.0066 克开始的。

1892 年，英国物理学家瑞利反复测定了从空气（当时人们认为空气由氧气、二氧化碳、氮气及水蒸气组成）中得到的氮气，在标准情况下每升重 1.2572 克，而从氮的化合物中取得的氮气则每升重 1.2506 克，二者相差 0.0066 克。为了足够精确，瑞利又重做此实验，并用电火花通过两种氮，把它们封闭起来，静置 8 个月，结果，它们之间的重量差不变。瑞利百思不得其解，于是向其他化学家求援。

瑞利的朋友、化学家莱姆塞思路开阔。他认为从空气中提取的氮较重的原因，也许是空气中含有一种未知的较重气体。事实上，80 多年前卡文迪许早已发现，在氧、氮的放电实验中，总有一部分气体不能同氧化合而残余到最后，剩余量为 1/120。多么缜密的观察家！只可惜百余年来没有任何化学家注意过这个 1/120。瑞利与莱姆塞合作研究，继续探索。1894 年 8 月 13 日，他们将空气中得到的氮通过加热的镁，除去生成的氧化镁，还留有少量气体，对其进行光谱分析，得到了有红色和绿色的各组明亮光线的光谱。他们把这种比氮密度大、体积占大气的 0.93% 的新元素叫做"氩"。

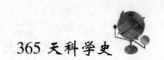

巴拉发现溴元素

在常温状态下，溴是一种溶解度不大的红棕色液体。和其他卤素一样，溴在自然界中不以单质状态存在。它为数不多的化合物常常和氯的化合物混在一起。一些矿泉水、盐湖水和海水中含有少量的溴。

溴发现于 1824 年 8 月 14 日，发现者是法国人巴拉。他当时年仅 17 岁，是一个医学专科学校的学生。

1824 年，巴拉在他的家乡蒙培利埃研究盐湖水在提取结晶盐后的母液，以便找到这些废弃母液的新用途。当通入氯气时，母液变成红棕色。他又换用氯水和淀粉来处理这个母液，发现溶液分成了两层，下层呈现蓝色，上层呈现出这种红棕色。蓝色是由于氯取代了碘化物中的碘和淀粉结合形成的。这红棕色的物质是什么？最初，巴拉认为这是一种氯的碘化物，他采用了两种方法来分解新物体，结果没有成功。最后他断定，这是和氯以及碘相似的新元素，它和碘一样被氯从它的化合物中取代出来。

巴拉用乙醚把它从母液中萃取出来，再用氢氧化钾处理，得到这种新元素的钾化合物，加入硫酸和二氧化锰共热后，重新得到纯净的红棕色液体。他把它命名为 muride，来自拉丁文 muria——盐水。后来法国科学院委员会把它改名为——Bromine，即溴。

由于在此之前氯和碘已经被发现，溴在被制得后因它的性质与氯和碘相似，才迅速被确定为是一种新元素。

法国科学院展出世界上第一张光学照片

法国伟大的画家安格尔在看到银版法摄影家的作品时，不由得感叹："摄影术真是巧夺天工，我很希望能画到这样逼真，然而任何画家也不可能达到。"银版摄影术发明于 1837 年，发明者是法国巴黎舞台美术师达盖尔。银版法被视为世界上第一个具有使用价值的照相方法。

银版法摄影术是在小孔成像的发现、透镜暗箱以及氯化银等感光物的发现这一系列科技成果的基础上诞生的。

1822 年，法国石版印刷工匠尼埃普斯（N. J. Niepce）为了改进印刷方法，开始试验如何将暗箱中所得的影像保存下来。1826 年，他将朱迪亚沥青（一种感光后能变硬的沥青）融化在拉芬特油中，把他涂在金属板上，然后放入暗箱，经过 8 个多小时的曝光、显影后，终于成功地获得了第一张记录工作室外街景的照片。1829 年，达盖尔开始与其合作。1837 年，达盖尔终于发明了完善的摄影方法——达盖尔摄影术（又称银版摄影法）。这种方法是一种显现在银铜版上的直接正像法，不能进行印放复制。

达盖尔认为，发明的专利权，如归个人私有，势必影响造福社会，应支持国家收购并公布天下。1839 年，法国政府买下了这一发明的专利权，8 月 15 日，在法国科学院和美术学院的联合大会上，公开展示了达盖尔的光学照片。8 月 19 日，法国政府正式公布了银版摄影法的详细内容，达盖尔发表了一本 79 页的说明书。正如达盖尔所预料的，这以后，银版摄影法很快便风靡世界。

达盖尔摄影术在当时只能用来拍摄静物且相机粗糙笨重。1857 年，英国人阿彻尔发明的湿版术逐渐取代了达盖尔摄影术，成为现代摄影术的开端。

土耳其大地震

1999 年 8 月 17 日，土耳其西北部伊兹米特地区发生里氏 7.4 级强烈地震，共造成 1.8 万人丧生，4.5 万人受伤，60 多万人无家可归，至少 200 亿美元的直接经济损失。

据一位土耳其地震专家说：在这次强烈地震中，造成许多楼房倒塌，导致重大人员伤亡的一个主要原因是建筑质量较差。土耳其有关方面，应该责令那些对建筑材料质量没有严格把关，而导致质量低劣的楼房倒塌的建筑承包商承担责任。

80 年代开始，土耳其不少建筑承包商为了赚取更多的差价而购买质量较差的建筑材料，并盲目追求快速，土耳其大批居民楼便是这样建成的。例如伊斯坦布尔市位于地震中心，地震造成的伤亡，绝大部分发生在建筑质量问题较多的近郊新兴地区，而老城大部分地区并未受到太大的破坏，绝大部分建筑物完好无损。地处市中心的旅游景点在地震中几乎没有受到损坏，世界闻名的圣索菲亚大教堂和蓝色清真寺附近，仍能看到众多外国游客。

地质专家们认为，三个活动的地质构造板块互相挤压，是这次大地震发生的根本原因。土耳其以南是非洲板块，以东是阿拉伯板块，这两个板块向北移动，与正在向南移动的欧亚板块相对抗。这些板块每年以 1.3 ~ 2 厘米的速度移动并互相挤压，使板块边缘地区的压力大大增加，容易引发地震。土耳其位于地震带上，前一次大地震引起的地壳变动，会为下一次地震"创造条件"：1939 年，土耳其埃尔津詹地区发生了一次 8 级大地震，使北安纳托利亚断层长达 362 千米的地段破裂；1942 年到 1967 年，沿着这个断层又发生了 5 次大地震，每一次都使断层西部的部分地层遭到破坏。这次大地震发生的地方，恰巧就是上一次（1967 年）地震引起的断层裂缝终止的地方。

蒸汽轮船首次试航成功

1807 年 8 月 18 日，罗伯特·富尔顿驾驶着自己设计制造的蒸汽轮船"克莱孟特号"，在纽约的哈得逊河上首次试航成功。这次试航成功，揭开了航运史上轮船时代的序幕。

罗伯特·富尔顿是美国造船工程学家和画家，1765 年 11 月 14 日出生于美国宾夕法尼亚州卡斯特一个农场工人家庭。由于家境贫寒，从小到机器铺做工。17 岁时到费城谋生并学绘画。在一家机器厂任制图工人期间，学会了绘制机械图和制造机器并自学了法文、德文、高等数学、化学、物理学及透视学等基础知识。

1796 年，英国发动了对法战争，富尔顿决心研制出一种新的武器，来阻止英军对法国的侵略，于是开始试制潜艇。尽管研制潜艇最终没能成功，却为他以后发明蒸汽轮船积累了丰富的经验。当时有人设想用蒸汽推动船舶前进，但是有一系列的技术难题需要解决，许多人对轮船的优越性表示怀疑。富尔顿为了解决制造过程中面临的技术问题，进行了无数次的试验，前后花费了近 9 年的时间，终于在 1805 年研制出了适合轮船用的蒸汽机。1806 年，他成功制造出了"克莱孟特号"，并对它不断加以改进。1807 年 8 月 18 日，曾被谑称为"富尔顿的蠢物"的"克莱孟特号"轮船完成了在哈得逊河上的世界上第一次远距离航行，航速达到了每小时 6.4 千米。经过改进，它的航速可达每小时 10～13 千米。这在当时是一个飞跃。1808 年后富尔顿又建成两艘轮船，逆水航速达每小时约 10 千米，并可连续航行 240 千米左右。

富尔顿一生共建成轮船 17 艘，他凭借着坚定的信念和顽强的毅力改写了世界航运史，成为世界公认的蒸汽轮船发明人。

詹姆斯·焦耳公布热功当量

1843 年 8 月 21 日，英国物理学家詹姆斯·焦耳（James Prescott Joule）在考尔克的一次学术报告会上，宣读了他的论文——《论电磁的热效应和热的机械值》，公布了他的实验发现：838 磅的重物沿垂直方向举高 1 英尺所做的机械功，相当于 1 磅水的温度升高 1 华氏度所需的热量。焦耳得出结论，热量与机械功之间存在着恒定的比例关系，进而计算出了热功当量值 460 千克米 1 千卡，1 千卡的热量相当于 460 千克米的机械功。同年，该论文发表于《哲学杂志》第 23 卷第 3 辑。

在该论文发表以前，焦耳进行了多次实验，发现了表示电流热的焦耳定律，即导体在一定时间内放出的热量与导体的电阻及电流强度的平方之积成正比。他设计了新的实验，进行了感应线圈发热的研究实验，否定了热质学说，确立了热是一种能量的概念。焦耳将这一发现付之于实验，测定了热和机械功之间的当量关系。

该论文发表后，受到了冷遇，许多科学家并不认同焦耳的研究成果。但焦耳不气馁，继续通过实验来获得更精确的热功当量值。直至 1878 年，焦耳设计了构造精妙的叶轮实验装置，进行了 400 余次实验。焦耳测量了水、鲸油、水银的热功当量，所得到的热功当量值几乎皆为 423.9 千克米/千卡。这一数值仅比现今的公认值 427 千克米 1 千卡小 0.7%，该数值保持 30 年而未作大的更正。

焦耳尊重科学实验，以巨大的毅力进行了长达 40 年的实验，最终测得了精确的热功当量值。焦耳的不懈努力，赢得了包括开尔文勋爵在内的科学家们的叹服，最终也获得了科学界的认可。

伽利略公开展出望远镜

1609 年 8 月 22 日，在威尼斯钟楼的楼顶，伽利略展出了由他设计制造出来的望远镜。

伽利略是世界最伟大的科学家之一。他的一生在不停地做实验中度过，少年时伽利略就是一个善于思考、不轻信别人结论的孩子。他总是将每一件事都放在自己的思索和观察之中。关于望远镜的发明，客观地说，伽利略并不应占有所有的荣誉，当然，伽利略本人也从没包揽过全部的荣誉。望远镜的发明源于一个荷兰的眼镜商人的发现。据载，当伽利略访问威尼斯期间，听说了一个名叫汉斯·李伯瑞的奇妙发现。汉斯是荷兰的眼镜制造商人，在制造眼镜的过程中，他偶然发现，如果将一片凹镜片和一片凸镜片重叠在一起，就可以看到远外的景物似乎就在眼前。这激起了伽利略的极大兴趣，他开始着手检测不同镜片的曲率，尝试了各种镜片的不同的组合方式，然后，他又用准确的数学公式测算出了不同的曲率和不同的组合能够引起的视觉效果。1609 年的 8 月 22 日，伽利略登上威尼斯钟楼的楼顶，公开展出他的望远镜。当时，周围站满了他的朋友和满怀好奇和敬佩的人们。当人们依次透过望远镜，吃惊地看到"许多港口中的来往船只，远山上吃草的牛羊，远方城镇的教民们在教堂中出出进进。"

望远镜公开展出后，各地的商人开始给伽利略发出大量的订货单，但是伽利略却无偿地把望远镜的发明技术送给了威尼斯公爵。作为回赠，伽利略得到了年薪近 5 000 元的帕多瓦大学终身教授的职位。此时的伽利略名利双收，但这样的顶峰时期却导致了伽利略悲剧生活的开始。正如他自己所说："飞黄腾达，而希望之翼，却日薄西山。"

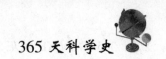

著名的意大利维苏威火山爆发

公元 79 年 8 月 24 日，位于意大利那不勒斯附近的维苏威火山突然爆发。

维苏威火山是世界上最著名的火山之一，在这次大爆发中，山下的庞贝与赫库兰尼姆两座古城，很快即被猛烈喷发的火山灰砾所完全吞没。直到 1 700 多年后（18 世纪）才被挖掘出来，得以重见天日，成为考古学和地质学的无价宝藏，也成了世界各地无数观光客浏览探奇的旅游胜地。值得提及的是，在此次火山爆发中，博物学家普林尼为了记录火山喷发的实况，独自一人上岸观察，由于时间太长，火山灰以及有害气体使他窒息死亡。普林尼为了探索自然的奥秘而献出了自己的生命。

火山爆发及其伴生的地震、海啸是我们这个星球上惊天动地的自然现象。火山爆发虽然给人类带来了一定灾难，但同时也充满着神奇性、观赏性、知识性和趣味性，它不仅对人们有极强的吸引力，也给人类带来不可多得的收获。在地球漫长的演化过程中，正是由于反复的火山活动，才带来了大量的水、二氧化碳和其他各类气体，使地球上产生了大洋和大气圈，并最终出现了生命现象。火山还是科学家研究地球的一个天然窗口，火山活动是地球内部地质作用的结果，依靠火山爆发，人们可以取得地球深处的各种实物资料，以揭示地球内部奥秘。此外，火山还是多种能源和资源的提供者。如火山地热是既干净又廉价的能源，开发前景巨大。火山将金、银、有色金属、稀有金属、非金属等资源由地壳深部带至地表，并在适当部位富集成矿，供人类开发利用。

第一个体内携带芯片的人

1998 年 8 月 24 日，英国雷丁大学控制论教授沃里克将芯片成功地植入自己手臂内，使自己成为世界上第一个体内携带芯片的人。

沃里克教授是在无菌的情况下，通过局部麻醉手术将芯片植入自己手臂的。该芯片被放置于长 23 毫米、直径 3 毫米的小型玻璃管内，管内除了硅芯片之外，还有电磁线圈，芯片内含有 64 条指令。人们根据自己的需要选择指令，这些指令通过特殊信号发出，传感器接收这些信号后再发出指令，传入一台主控计算机，计算机根据这些指令进行房门或电灯的开关，调节办公室内温度等操作。沃里克教授预计这项试验将持续 1 周左右，在这段时间内，沃里克教授将利用体内携带的芯片，在他的办公室内进行各种自动控制试验。

一部分科学家认为芯片植入技术的应用前景十分广阔。人体植入芯片后，可藉此直接与计算机进行交流，实现多种计算机操作，它有助于一些残疾人或体弱的老年人，以及暂时行动不方便的人的生活，使他们能够自己照顾自己。另外还有些科学家正在探索将芯片技术用于疑难病症治疗等方面。比如，帕金森病的最新治疗方法就是在大脑的特定部位埋入电极，由外部向大脑发送电子信号，使患者停止抖动。

但人体芯片植入在技术上仍存在一些难以克服的障碍。例如手臂内的小型玻璃管有泄漏或碎裂引起危险的可能，人体内更换芯片也很麻烦等。一些人权和宗教团体等也持反对意见，认为人体芯片植入将威胁人的隐私和尊严或预示着机械将侵犯神的领域。

从人造心脏到人造关节和人造皮肤，人体的几乎所有器官都在不停地被人造器官所代替。无论如何，人体的机械化（靠机械装置维持生命的人）进程已经开始并将继续下去。

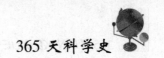

布瓦博德朗发现新元素镓

1875 年 8 月 27 日，布瓦博德朗发现了一种新元素，命名为镓。镓的发现证实了门捷列夫元素周期表的"类铝"预言。

门捷列夫发表周期律第二篇论文后的第四年即 1875 年，布瓦博德朗在观察比里牛斯山的闪锌矿的分光光谱时，发现了两条在已知元素中从未曾见过的明显的紫色线条。经过极其复杂的分析化验工作，布瓦博德朗终于成功地提取了极其微量的新元素镓。在研究了镓的性质后，令布瓦博德朗吃惊的是，此元素的性质与门捷列夫所预言的元素"类铝"的性质不仅在主要之点上完全一致，即使在一些次要之点上也无任何出入。曾被贬为"空想""空论"的元素周期律终于吸引了学术界的注意，门捷列夫关于周期律的论文迅速被译成法文和英文。全世界的科学家都知道了周期律的内容和意义。

镓的固态呈蓝灰色，液体镓呈银白色，有镜一样发亮的表面。因其液态温度范围大，它常被用在高温温度计和量压计上。镓与银和锡的合金适于代替补牙用的汞。镓也用于焊接包括宝石在内的非金属材料到金属上，还可作为核反应堆中热交换的介质。

镓的发现，一方面证实了元素周期律的正确性；另一方面也促进了人类医学和物理学的发展。

"和平"号空间站停用

1999 年 8 月 28 日，经过 13 年的轨道飞行之后，"和平"号空间站送走了最后一位地球来客。在俄罗斯宇航员关闭了"和平"号空间站与"联盟"号飞船间的连接舱以后，"和平"号空间站成为"漂流"在太空中没有任何实际功能的一粒"尘埃"。对于俄罗斯航天事业来说，这是伤心的一天。

"和平"号空间站主体部分发射于 1986 年 2 月 20 日。它的主体外表呈阶梯圆柱体形状，由四个基本部分组成，全长 13.13 米，重 20.4 吨。四个专业舱分别是工艺生产实验舱、天体物理实验舱、生物学科研究舱、医药试制舱。主体采用了积木组合式结构，6 个对接口可与其他大型实验舱对接。组装完全后，成为一个长 87 米，重 123 吨，容积 470 米^3 的"人造天宫"。

"和平"号空间站是第三代空间站，也是世界上第一个多舱空间站。有12 个国家的 100 多位宇航员在"和平"号上工作过，实际上它已成为一个国际空间站。在这里先后完成了 24 个国际性科研计划，进行了 1 700 多项、16 500 个科学实验。帮助 15 个国家的科学家完成了空间研究，研制产生了 600 项日后可供工业应用的新技术。

"和平"号设计寿命为 5 年，已超期服役 8 年，发现障碍多处。1997 年又发生几个大事故，使"和平"号遭到严重的损伤，但俄罗斯整个国家经济不景气，航天计划资金严重短缺，难以对它进行彻底维修。另外，美国为尽快完成以本国为主的"阿尔法"国际空间站的建设，也向其施加压力。

2001 年 3 月 23 日下午 2 时，"和平"号带着最后的光辉，带着它创下的无数成就，带着前苏联时代的骄傲，带着全世界人民的惋惜，沉落在太平洋上，结束了其 15 年饱经风霜的辉煌历史。

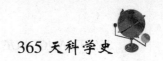

法拉第观察到电磁感应现象

19 世纪 20 年代，奥斯特的发现及其他有关电磁方面的实验与理论研究成果传播到欧洲各国。英国著名杂志《哲学年鉴》1821 年邀请化学家戴维撰写综述奥斯特发现一年来电磁学实验与理论的进展情况。戴维把此事交给了他的助手法拉第。在收集资料的过程中，激起了法拉第对电磁现象的极大热情。他相信不仅电流有磁效应，磁也应有电效应，从此开始了寻找磁生电的漫长十年。

厚厚的工作日记是他百折不挠、坚持奋斗的见证，在十年的日记中，法拉第记下了大量的实验失败的记录。失败、再实验、再失败、再实验，法拉第终于在 1831 年 8 月 29 日有了第一次成功的记录。法拉第以往的失败都在于只研究稳定状态效应，还没有暂态的概念。这次他在一只软铁环上绕以两组线圈 A、B，线圈 B 与一只电流计连接，当线圈 A 与电池组相连的瞬间，电流计的指针偏转了一下，然后又回到原来的位置。当线圈 A 与电池组断开时，指针再次偏转一下回到原来位置。这就是电磁感应现象。后来法拉第又采用其他方式进行了几十次实验，使效应更加明显，最终认识了感生电流的暂态性质。

1831 年 11 月他向英国皇家学会报告实验结果。电磁感应现象的发现是具有划时代意义的，他把电与磁长期分立的两种现象联结起来，揭露出电与磁的本质联系，找到了机械能与电能之间的转化方法。在实践上，预示着人类电气时代的到来；在理论上，为建立电磁场理论体系打下了基础。生活于电气时代的人们，永远难以忘怀这位电学大师的丰功伟绩。

勒维烈完成关于海王星的理论计算

英国天文学家赫歇尔在发现天王星后，又根据天体力学为其编制了运行表。但后来的观测证实，天王星的实际运行轨道与运行表并不一致。这一反常现象引起了天文学界的注意，有人据此怀疑牛顿万有引力理论的正确性，有人则提出在天王星之外可能有一颗未知的行星，正是由于它的摄动作用，才导致天王星偏离正常的运行轨道。后一种意见得到了大部分天文学家的支持。

英国青年科学家亚当斯沿着上述思路开始了对"天外"行星的追索。他经过大量繁琐的计算，终于在 1845 年得出了新行星轨道的一个令人满意的结果。但亚当斯的计算结果没有引起当时天文学界权威们的重视，被束之高阁。几乎与此同时，法国天文学家勒维烈也在做着与亚当斯相同的研究工作。经过艰苦的努力，勒维烈在 1846 年 8 月 31 日完成了对新行星轨道和大小的计算，写出了论文《论使天王星运行失常的行星，它的质量、轨道和现在位置的决定》。

勒维烈的关于"天外"行星的结论与亚当斯的计算结果基本相同，但比亚当斯幸运的是，勒维烈得到了柏林天文台的重视。时任天文台副台长的天文学家伽勒很快在勒维烈所说的天区观测到了这颗行星。后来，人们为这太阳系的第 8 颗行星取名为海王星。

海王星的发现颇具戏剧性，也很激动人心，因为它不是由观测天文学家通过巡天观测所发现，而是首先由数学家从理论上推导出来的，因而被称为"笔尖上的发现"。我们在盛赞这一天文学史上的奇迹时，不要忘了两个人的名字：亚当斯和勒维烈。

最早的摩托车

摩托车也叫机器脚踏车，是德国人巴特列布·戴姆勒（1834～1900）在
1885 年发明的。当以煤炭为燃料的蒸汽的汽车普遍行使在街头的时候，由于
烟雾弥漫，时速不快等原因，已经由人开始试图利用其他燃料了。在奥托工
厂任职的青年技术员戴姆勒决定研制一种小型而高效率的内燃机，毅然辞去
工厂的职务，在另外组织的一个专门研制机构进行研制，终于在 1883 年获得
成功，并于同年 12 月 16 日获得德意志帝国第 28022 号专利。1885 年 8 月 29
日，戴姆勒巴经过改进的汽油引擎装到拇制的两轮车上制成了世界上第一辆
摩托车，并获得了专利。

当时的汽油发动机尚处于低级幼稚的状况，车辆制造尚为马车技术阶段，
原始摩托车与现代摩托车在外形、结构和性能上有很大差别。原始摩托车的
车架是木质的。从木纹上看，是木匠加工而成的。车轮也是木制的。车轮外
层包有一层铁皮。车架中下方是一个方形木框，其上放置发动机，木框两侧
各有一个小支承轮，其作用是静止时防止倾倒。因此，这辆车实际上是四轮
着地。单缸风扇冷却的发动机，输出动力通过皮带和齿轮两级减速传动，驱
动后轮前进。车座作成马鞍形，外面包一层皮革。其发动机汽缸工作容积为
264 毫升，最大功率 0.37 千瓦，仅为现代简易摩托车的 1/5。时速 12 公里，
比步行快不了多少。由于当时没有弹簧等缓冲装置，此车被称为"震骨车"，
可以想象，在 19 世纪的石条街道上行驶，简直比行刑还难受。尽管原始摩托
车是那么简陋，但是从此摩托车才能不断变革，不断改进，才有了 100 多年
的数亿辆现代摩托车的子孙。

第一辆由内燃机驱动的两轮车名叫"家因斯伯车"，这是 1885 年德国巴
德—康斯塔特市的哥特利勃·戴姆勒制造的一种机动车，车架用木头制造。

摩托车

发动机为单缸 264 毫升四冲程，每分钟 700 转，最高车速为每小时 19 公里。出生于符腾堡王国（相当于今日德国的巴登—符腾堡邦之一部分）海尔布隆的勒文斯坦市的威廉·梅巴赫首次骑行该车。

19 世纪末至 20 世纪初，早期的摩托车由于采取了当时的新发明和新技术，诸如充气橡胶轮胎、滚珠轴承、离合器和变速器、前悬挂避震系统、弹簧车座等，才使得摩托车开始有了实用价值，在工厂批量生产，成为商品。

20 世纪 30 年代之后，随着科学技术的不断进步，摩托车生产又采用了后悬挂避凝震系统、机械式点火系统、鼓式机械制动装置、链条传动等，使摩托车又攀上了新台阶，摩托车逐步走向成熟，广泛应用于交通、竞赛以及军事方面。20 世纪 70 年代之后，摩托车生产又采用了电子点火技术、电启动、盘式制动器、流线型车体护板等，以及 90 年代的尾气净化技术、ABS 防抱死制动装置等，使摩托车成为造型美观、性能优越、使用方便、快速便捷的先进的机动车辆，成为当代地球文明的重要标志之一。尤其是大排量豪华型摩托车已经把当今汽中先进技术移植到摩托车上，使摩托车达到炉火纯青的境界。摩托车的发展进入了鼎盛阶段。

最早的火车

17 世纪初，法、德交界处的矿井就已开始使用马拉有轨货车。

早在 1769 年，游人就设计制造出了最原始的"火车"：它有三个轮子，前面有一个装满水的大圆球，不需要沿着轨道行驶。这种"火车"开起来不但慢，而且很难控制方向，当时还撞坏了一片城墙呢！

1781 年瓦特制造的蒸汽机问世以后，首先应用于矿井内的排水泵或煤斗吊车上。与此同时，人们也在考虑如何把静置的蒸汽机搬到交通工具上，变成动态的机械。可是，蒸汽机小型化、使车轮在轨道上不打滑、汽缸的排气、锅炉的通风等问题都有待于进一步解决。

英国人理查德·特里维西克（1771～1833）经过多年的探索、研究，终于在 1804 年制造了一台单一汽缸和一个大飞轮的蒸汽机车，牵引 5 辆车厢，以时速 8 公里的速度行驶，这是在轨道上行驶的最早的机车。因为当时使用煤炭或木柴做燃料，就把它叫作"火车"了。

它由一个黑糊糊的火车头和一节装煤炭的车厢组成。火车头上装有蒸汽机，通过燃烧大量的煤炭来产生足够的蒸汽，推动火车前进。有趣的是，当时这台机车，没有设计驾驶座，驾驶员只好跟在车子旁，边走边驾驶。4 年后，他又制造了"看谁能捉住我"号机车，载人行驶。可是，由于轨道不能承受火车的重量，机车本身也存在不少问题，行驶时不很安全，在一次运行途中，机车出了轨，就停止使用了。

现代火车

与此同时，史蒂文森也在积极

史蒂文森的火车

改进火车的性能，并且取得了很大的进展。1814 年，他制造了一辆两个汽缸的、能牵引 30 吨货物可以爬坡的火车。于是，人们开始意识到，火车是一种很有前途的交通运输工具。然而，当时的马车业主们极力加以反对。1825 年，斯托克顿与达林顿之间开设了世界上第一条营业铁路，史蒂文森制造的"运动号"列车运载旅客以时速 24 公里的速度行驶其间。尽管火车已经加入了运输的行列，但马车仍在铁路上行驶。

到了 1829 年，曼彻斯特至利物浦间的铁路铺成后，为了决定采用火车还是马车，举行了一次火车和马车的比赛，史蒂文森的儿子改进的"火箭号"获胜。"火箭号"长 6.4 米、重 7.5 吨，为了使火燃烧旺盛，装了 4.5 米高的烟囱。牵引乘坐 30 人的客车以平均时速 22 公里行驶，比当时的四套马车快两倍以上，充分显示了蒸汽机车的优越性。于是这条铁路就采用火车了。"火箭号"也成了第一辆真正使用的火车。从这以后，火车终于取代了有轨马车。后世的人们称他为"蒸汽机车之父"。

1879 年 5 月 31 日，柏林的工业博览会上展出了世界上第一台由外部供电的电力机车和第一条窄轨电气化铁路。这台"西门子"机车重量不到 1 吨，只有 954 公斤，车上装有 3 马力支流电动机。由于机车车身小，没有驾驶台，操纵杆和刹车都装在靠前轮的地方，所以司机只好骑在车头上驾驶。这台"不冒烟的"机车，引起了人们的极大兴趣。但是，电力机车正式进入运输的行列，那是于 1881 年，在柏林郊外，铺设了电气化轨道。现在，这辆电力机车陈列在慕尼黑德意志科技博物馆内。

第一台电子计算机

第二次世界大战期间，随着火炮的发展，弹道计算日益复杂，原有的一些计算机已不能满足使用要求，迫切需要有一种新的快速的计算工具。美国军方为了解决计算大量军用数据的难题，成立了由宾夕法尼亚大学莫奇利和埃克特领导的研究小组，开始研制世界上第一台电子计算机。在一些科学家、工程师的努力下，在当时电子技术已显示出具有记数、计算、传输、存储控制等功能的基础上，经过三年紧张的工作，1946 年 2 月 10 日，美国陆军军机械部和摩尔学院共同举行新闻发布会，宣布了第一台电子计算机"爱尼亚克"研制成功的消息。

"ENIAC"（埃历阿克），即"电子数值积分和计算机"的英文缩写。它采用穿孔卡输入输出数据，每分钟可以输入 125 张卡片，输出 100 张卡片。2 月 15 日，又在学校休斯敦大会堂举行盛大的庆典，由美国国家科学院院长朱维特博士宣布"埃尼亚克"研制成功，然后一同去摩尔学院参观那台神奇的"电子脑袋"。

出现在人们面前的"埃尼亚克"不是一台机器，而是一屋子机器，密密麻麻的开关按钮，东缠西绕的各类导线，忽明忽暗的指示灯，人们仿佛来到一间控制室，它就是"爱尼亚克"。在其内部共安装了 17468 只电子管，7200 个二极管，70000 多电阻器，10000 多只电容器和 6000 只继电器，电路的焊接点多达 50 万个；在机器表面，则布满电表、电线和指示灯。机器被安装在一排 2.75 米高的金属柜里，占地面积为 170 平方米左右，总重量达到 30 吨。这一庞然大物有 8 英尺高，3 英尺宽，100 英尺长。它的耗电量超过 174 千瓦；电子管平均每隔 7 分钟就要被烧坏一只，埃克特必须不停更换。起初，军方的投资预算为 15 万美元，但事实上，连翻跟斗，总耗资达 48.6 万美元，

合同前前后后修改过二十余次。尽管如此，ENIAC 的运算速度却也没令人们失望，能达到每秒钟 5000 次加法，可以在 3/1000 秒时间内做完两个 10 位数乘法。一条炮弹的轨迹，20 秒钟就能被它算完，比炮弹本身的飞行速度还要快。

第一台电子计算机

1946 年底，"埃尼亚克"分装启运，运往阿伯丁军械试验场的弹道实验室。开始了它的计算生涯，除了常规的弹道计算外，它后来还涉及诸多的领域，如天气预报、原子核能、宇宙结、热能点火、风洞试验设计等。其中最有意思的，是在 1949 年，经过 70 个小时的运算，它把圆周率 π 精密无误地推算到小数点后面 2037 位，这是人类第一次用自己的创造物计算出的最周密的值。

1955 年 10 月 2 日，"埃尼亚克"功德圆满，正式退休。它和现在的计算机相比，还不如一些高级袖珍计算器，但它自 1945 年正式建成以来，实际运行了 80223 个小时。这十年间，它的算术运算量比有史以来人类大脑所有运算量的总和还要来得多、来得大。它的面世也标志着电子计算机的创世，人类社会从此大步迈进了电脑时代的门槛，使得人类社会发生了巨大的变化。

1996 年 2 月 14 日，在世界上第一台电子计算机问世 50 周年之际，美国副总统戈尔再次启动了这台计算机，以纪念信息时代的到来。

最早的无线电广播

费森登，1866 年 10 月 6 日生于加拿大魁北克，祖先是新英格兰人，毕业于魁北克毕晓普学院，一生共获得 500 项专利，仅次于爱迪生而居世界第二位。在他对人类的诸多贡献中，最为突出的就是发明了无线电广播。无线电广播的过程是：先在播音室把播音员说话的声音或演员歌唱的声音，变成相应的电信号，这种音频电信号由于频率低，不可能直接由天线发射出去，也不可能传得很远，因此，还得采用一种叫做"调制"的技术，把音频电信号转换到一个较高的频段，然后通过发射天线，以无线电波的形式发送到空间。如果你的收音机正好"调谐"到这个电台发送的频率上，这个电台的电波就会被你的收音机所接收。然后，通过一个叫"检波"的过程，"检"出广播信号所携带的音频信号，再经过"放大"等一系列处理，我们便可以从喇叭城听到广播电台所播放的声音了。

1900 年，费森登教授在马可尼、波波夫发明无线电报的启发下，萌发了用无线电波广泛传送人的声音和音乐的念头。他曾进行过一次演说广播，但声音极不清楚，未被重视。在西方金融家的支持下，他于 1906 年圣诞节前夕晚上 8 点钟左右，在纽约附近设立了世界上第一个广播站。在开播那天，播送了读圣经路加福音中的圣诞故事，小提琴演奏曲，和德国音乐家韩德尔所作的《舒缓曲》等。这个小广播站只有一千瓦功率，但它所广播的讲话和乐曲却清晰地被陆地和海上拥有无线电接收机的人所听到，这便是人类历史上第一次进行的正式的无线电广播。

不过，第一次成功的无线电广播，应该是 1902 年美国人内桑·史特波斐德在肯塔基州穆雷市所作的一次试验广播。史特波斐德只读过小学，他如饥似渴地自学电气方面的知识，后来成了发明家。1886 年，他从杂志上看到德

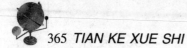

国人赫兹关于电波的谈话，从中得到了启发，试图应用到无线广播上。当时，电话的发明家贝尔也在思考这个问题，但他的着眼点在有线广播，而史特波斐德则着眼于无线广播。经过不断的研制，终于获得成果。他在附近的村庄里放置了5台接收机，又在穆雷广场放上话筒。一切准备工作就绪了，他却紧张得不知播送些什么才好，只得把儿子巴纳特叫来，让他在话筒前说话，吹奏口琴。试验成功了，巴纳特·史特波斐德因此而成为世界上第一个无线广播演员。

他在穆雷市广播成功之后，又在费城进行了广播，获得华盛顿专利局的专利权。现在，肯塔基州立穆雷大学还树有"无线广播之父"的纪念碑。

不过，真正的广播事业是从1920年开始的。那年6月15日，马可尼公司在英国举办了一次"无线电电话"音乐会，音乐会的乐声通过无线电波传遍英国本土，以至巴黎、意大利和希腊，为那里的无线电接收机所接收。同年，苏联、德国、美国也都进行了首次无线电广播，特别是美国威斯汀豪斯公司的KDKA广播站于11月2日首播，因播送的内容是有关总统选举的，曾经引起一时的轰动。广播很快便发展成为一种重要的信息媒体而受到各国的重视。特别是在第二次世界大战中，它成为各国军械库中的一种新式"武器"而发挥了十分重要的作用。

最早的自行车

　　自行车被发明及使用到现在已有两百年的历史，自行车究竟在哪个年代、由谁发明的却很少有人知道。

　　最早用链条带动后轮（不必用脚蹬地）的设想的提出者，据说是意大利文艺复兴时期的艺术大师达·芬奇。他所绘制的草图至今犹存意大利达·芬奇博物馆，这幅图中的设计相当巧妙，说明这位天才的这一设想与今天自行车所依据的科学原理基本上相同。据传说，达·芬奇本人曾试制出并自己乘过他所设计的自行车。但也有人以为达·芬奇只不过有过这种设想，想他的想象加以具体化，绘制成设计图，并不是他本人而是他的徒弟，事实究竟如何，有待史学家进一步考证。

　　18 世纪末，法国人西夫拉克发明了最早的自行车。这辆最早的自行车是木制的，其结构比较简单，既没有驱动装置，也没有转向装置，骑车人靠双脚用力蹬地前行，改变方向时也只能下车搬动车子。即使这样，当西夫拉克骑着这辆自行车到公园兜风时，在场的人也都颇为惊异和赞叹。德国男爵卡尔杜莱斯在 1817 年制造出有把手的脚踢木马自行车，他在车子前轮上装了一个方向把手，成为第一辆真正实用型的自行车。

　　1818 年英国的铁匠及机械师丹尼士·强生率先以铁造取代了木头材质，以铁造取代了车轮的骨架，接着他又在伦敦创办了两所学校以训练人们学习及骑乘自行车。后来英国人就把这台有趣的车子叫作 Hobby Hors，这台铁制的车由技术好、有经验的人骑乘

最早的自行车

二战中德军骑的自行车

时速可以到 13 公里。

到了 1839 年，苏格兰人麦克米伦将"木马"改造成前轮小、后轮大的双轮车，车轮是木制的，外面包以铁皮，前轮装有脚踏和曲柄连杆，用以带到后轮，车头装有车柄，可以转换方向，坐垫较低，但不必脚着地，可以用双脚蹬脚踏来驱动，史学家认为这是有只以来第一辆可以蹬的自行车。麦克米伦这一改变，在自行车发展史，固然有很重要的地位，但他生前包括身长很长一段时期，这种新式自行车未能引起注意，1889 年，德尔泽将他依照麦克米伦的创造而复制的样品在伦敦一次车辆展览会上展出，从而使德尔泽赢得了"安全自选车发明人"的名声。直到 1892 年，麦克米伦的贡献才为当时社会所确认。

1861 年法国的娃娃制造商 Michanx 发明了前轮驱动的自行车，在前轮轴上直接加上踏板，靠着这台自行车可以骑遍整个欧洲。1867 年 Michanx 成立公司并开始大量制造。1869 年法国人又发明了链条来驱动后轮，到此时的自行车算是完整的版型。

1888 年一位住在爱尔兰的兽医邓禄普发明了橡皮充气轮胎，这是自行车发展史上非常重要的发明，它不但解决了自行车多年来最令人难受的震动问题，同时更把自行车的速度又推进了许多。其实之前也有人发明过橡皮轮胎，但因为那个年代橡胶的价格非常昂贵，所以未被广为使用。从此，自行车开始在世界各国大行其道。

有一点可能是很多人不知道的。自行车曾被用于作战，主要是用以代替马匹，据考证，首先将自行车用于军事的是 1899～1902 年间的英国与南非布尔人的战争，其次便是 1904～1905 年在中国土地上进行的日俄之战。

最早的电视

如今电视机已进入千家万户，成为人们生活中不可缺少的一部分。电视到底是谁研究发明的呢？现在人们也很难说清。一说是苏格兰人贝尔德，一说是美籍俄国人弗拉基米尔·兹沃利，一说英国人约翰·洛奇·伯德，还有人说是美国达荷州 16 岁的孩子非拉·法斯威士发明，总之电视的发明倾注了许多人的心血。

最早对电视的研制发生兴趣的人是意大利血统的神父，叫卡塞利。他由于创造了用电报线路传输图像的方法而在法国出了名。但他对电视的发明只开了个头。他只能用电报线路传输手写的书信和图画，电报线路上的其他信息干扰了他的图像，常常会使被传输的图像变成散乱的小点和短线。

1908 年，一个叫比德韦尔的英国人给《自然》科学杂志写信时谈到了他自己设计的电视装置。这封信使苏格兰血统的电气工程师坎贝尔·斯温登非常感兴趣。他开始想办法用一根线路传输所有的信息。1911 年他获得了电视系列基础的专利。但坎贝尔·斯温登在世时，并没有发明出相应的电视装置。

几乎是与坎贝尔·斯温登的同时，俄罗斯彼得格勒理工学院的波里斯·罗生教授在 1907 年制造出了自己的电视装置。他用了一台跟若干年前在德国研制出的机械发射机相类似的机器作为发射器，接收机是阴极射线示波器，这个装置仅能勉强看到显像管屏幕上的图像，

电视机

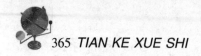
很不清晰。但他的这个实验却强烈吸引了他的一个学生，那就是现在大百科全书中记载的电视发明人弗拉迪米尔·兹沃利金。他研究出关于获得电视信号最好方法的结论与其老师相同，但却避免了发生器方面的错误。在 1923 年他获得了利用储存原理的电视摄像管的专利。1928 年兹沃利金的新的电视摄像机研制成功。

与此同时，美国犹他州的年仅 15 岁的高中生非拉·法斯威士，在 1921 年向他的老师提出了电子电视的概念，但是，法恩斯沃思在 6 年后才制成能传送电子影像的析像器。法恩斯沃思的析像器与佐里金的光电摄像管虽然设计上有差别，但在概念上却很相近，由此引发了一场有关专利权的纠纷。美国无线电公司认为，佐里金优先于法恩斯沃思于 1923 年就为其发明申请了专利，但却拿不出一件实际的证据。而法恩斯沃思的老师拿着法恩斯沃思的析像器的设计图纸，为非拉·法斯威士作证。经过多年不懈的力和坎坷，法斯威士终于获得成功。国专利局在 30 年后期认定他才是电的所有主要专利的有者。1957 年，面对 4000 万名电视观众，他宣布："我 14 岁时发明了电视。"1971 年，《纽时报》称他为世界上最伟大、最具魅力的学家之一。

后来，法斯威士虽然继续研究电视技术，但由于身体欠佳，使研究的范围越来越窄，未取得更大的成就。而美国无线电公司开始大量生产电视机，获得了丰厚的利润，他们把佐里金和时任美国无线电公司总裁的大卫·萨尔诺夫推举为"电视之父"。

最早的洗衣机

今天，对于许多人来说没有洗衣机的生活是难以想象的。但几千年来，人们都是用手来在水里搓、用棒槌砸或搅。聪明人发明了搓衣板，更聪明的人把衣服放在水桶里，放上很原始的洗涤剂，如碱土、锅灰水、皂角水等，用棒搅拌也能洗干净衣服。在海上，海员们则把衣服拖在船尾上，让海水冲去衣服上的污垢。后来有人发明了手动洗衣机，即把需要洗涤的衣物放到一个盛着水的木盒子里，用一个手柄不断翻转木盒子里的衣物，也可以把衣物洗干净。

1677 年，科学家胡克记录了关于洗衣机的一项早期发明：霍斯金斯爵士的洗衣方法是把亚麻织品放在一个袋子里，袋子的一端固定，另一端用一个轮子和一个圆筒来回拧。用这种方法洗高级亚麻织品可以不损坏纤维。1776 年，人们发明了洗衣机的雏形，借助外力来洗衣服，19 世纪中叶，以机械模拟手工洗衣动作进行洗涤的尝试取得了可喜的进展。1858 年，一个叫汉密尔顿·史密斯的美国人在匹茨堡制成了世界上第一台洗衣机。该洗衣机的主件是一只圆桶，桶内装有一根带有桨状叶子的直轴。轴是通过摇动和它相连的曲柄转动的。同年史密斯取得了这台洗衣机的专利权。但这台洗衣机使用费力，且损伤衣服，因而没被广泛使用，但这却标志了用机器洗衣的开端。次年在德国出现了一种用捣衣杵作为搅拌器的洗衣机，当捣衣杵上下运动时，装有弹簧的木钉便连续作用于衣服。19 世纪末期的洗衣机已发展到一只用手柄转动的八角形洗衣缸，洗衣时缸内放入热肥皂水，衣服洗净后，由轧液装置把衣服挤干。

1884 年一个名叫莫顿的人获得了蒸汽洗衣机的专利。他的专利证书上是这样介绍他发明的洗衣机：即便是一个小孩，在一刻钟内也能洗 6 条被单，

洗衣机

而且比其他洗衣机洗得更白。再后来有人用汽油发动机替代蒸汽机带动洗衣机。

而真正现代意义上的洗衣机的诞生要等到电动机发明之后。第一台电动洗衣机由阿尔几·费希尔于1910年在芝加哥制成。除了手柄被一个电动机取代了之外，洗衣机别的部分都与用手工转动的洗衣机相同。这是一种真正节省劳力的设计。但这种电动洗衣机进入市场后，销路不佳。

洗衣机真正被人们接受，是在第一次世界大战之后。1922年霍华德·斯奈德发明了一种搅动式电动洗衣机，并在衣阿华州批量生产。该洗衣机因性能大有改善，开始风靡市场。第二年德国厂商也生产了一种用煤炉加热的洗衣机。这种洗衣机有一只开有小孔的容器，衣服放入后，由电动机带动和容器相连的轴，使容器不断顺逆转动。

直到第二次世界大战前夕，美国才大批量生产立缸式洗衣机。洗涤缸内装有涡轮喷洗头或立轴式搅拌旋翼。30年代中期，美国本得克斯航空公司下属的一家子公司制成了世界上第一台集洗涤、漂洗和脱水于一身的多功能洗衣机，靠一根水平的轴带动的缸可容纳4000克衣服。衣服在注满水的缸内不停地上下翻滚，使之去污除垢，并使用定时器控制洗涤时间，使用起来更为方便，1937年投放市场后大受欢迎，一下子就卖了30多万台。到60年代，滚筒式洗衣机问世。高效合成洗涤剂和强力去垢剂的出现大大促进了家用洗衣机的发展。

最早的空调机

　　1881 年 3 月当选的美国总统格菲尔德，7 月在华盛顿车站遭到枪击。虽说不是致命伤，但因子弹深入到脊椎处，伤势很重，生命岌岌可危，必须立即动手术取出子弹。格菲尔德的住院开刀，却戏剧性的促使了空调机的出现。

　　华盛顿的夏天是闷热的，尤其是这一年，出现了历史上罕见的高温。病床上的总统虚弱极了。虽然总统夫人在一旁一刻不停的用扇子给他扇风，但在这样的高温下也无济于事，总统夫人提出必须降低室温的要求。于是，这个任务就落到了一个叫多西德矿山技术人员的身上。他懂得在矿山上如何向坑道内送气的技术。经过多次试验，他终于成功地将室内的温度从 30 摄氏度降到 25 摄氏度左右。多西根据空气压缩会放热，而压缩后的空气恢复到常态会吸收热量的原理，经过反复试验，终于在总统病房安装了一台压缩空气的空调机，结果使室温降了 7 摄氏度，于是世界上第一台空调机诞生了。

　　其实，真正意义上的空调却出自美国发明家威尔士·卡里尔之手。多西发明的空调机虽然使空气的温度降了下来，却仍旧潮湿。如何才能使空气干燥呢？排暖公司的机械工程师卡里尔一直思考着这个问题。雾气笼罩的火车站激发了他的灵感：含有饱和水分的"潮湿"空气实际上是干燥的。所谓雾气就是空气接近百分之百的温度时其饱和的状态。如果让空气处于饱和状态，同时控制空气饱和时的温度，就能获得一种可以定量控制其温度的空气。于是在 1902 年，他安装了具有

空调机

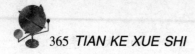

历史意义的温度"调节器",从而取得了空调机的专利。这种空调机首先安装于纽约的一家印刷厂里。1906年,卡里尔的"空气处理仪"又获得了专利,对空调机作了进一步改进,经过改进的空调机开始为纺织厂采用,从而逐渐推广。

20世纪30年代末,卡里尔的"导管式空气控制系统"取得了突破,高楼大厦不仅安装上了空调,而且不需要占用宝贵的办公空间。但由于家庭空调太昂贵,又不可靠,卡里尔投资家庭空调这一领域的市场时,没有获得成功。直至20世纪50年代,美国另外两家公司——通有电器和西屋,才实现了卡里尔"家装空调"的设想,使小型空调机开始进入千家万户,成了深受酷暑煎熬的人们的宠物。